建设工程质量检测人员培训丛书

胡贺松　丛书主编

主体结构及装饰装修检测

杨勇华　主　编

李百建　丁洪涛　副主编

中国建筑工业出版社

图书在版编目（CIP）数据

主体结构及装饰装修检测 / 杨勇华主编；李百建，丁洪涛副主编. -- 北京 : 中国建筑工业出版社, 2025.
5. -- (建设工程质量检测人员培训丛书 / 胡贺松主编).
ISBN 978-7-112-31160-6

Ⅰ. TU767

中国国家版本馆 CIP 数据核字第 2025JU0560 号

责任编辑：杨　允
文字编辑：王　磊
责任校对：张　颖

建设工程质量检测人员培训丛书
胡贺松　丛书主编
主体结构及装饰装修检测
杨勇华　主编
李百建　丁洪涛　副主编

*

中国建筑工业出版社出版、发行（北京海淀三里河路 9 号）
各地新华书店、建筑书店经销
国排高科（北京）人工智能科技有限公司制版
北京市密东印刷有限公司印刷

*

开本：787 毫米 × 1092 毫米　1/16　印张：9¾　字数：220 千字
2025 年 7 月第一版　　2025 年 7 月第一次印刷
定价：**32.00** 元
ISBN 978-7-112-31160-6
（44610）

丛书编委会

主　　编：胡贺松

副 主 编：刘春林　　孙晓立

编　　委：刘炳凯　　梅爱华　　罗旭辉　　杨勇华　　宋雄彬
　　　　　李祥新　　邢宇帆　　张宪圆　　余佳琳　　李　昂
　　　　　张　鹏　李　淼

本 书 编 委 会

主　　编：杨勇华

副 主 编：李百建　　丁洪涛

编　　委：梁兆强　曾　宾　胡红波　廖　健　李家烙

　　　　　胡洋旸　钟春良　刘淑波　刘辉廷　丘锦龙

序

建设工程质量检测监测，乃现代工程建设之命脉，承载着守护工程安全与品质之重任。随着建造技术革新浪潮奔涌、材料与工艺迭代日新月异，检测行业亦面临前所未有的挑战与机遇。检测工作不仅需为工程全生命周期提供精准数据支撑，更需以创新之力推动行业向绿色化、智能化、标准化纵深发展。在此背景下，培养兼具理论素养与实践能力的专业人才，实为行业高质量发展的关键基石。

"建设工程质量检测人员培训丛书"应势而生。此丛书由广州市建筑科学研究院集团有限公司倾力编纂，凝聚四十余载技术积淀，博采行业前沿成果，体系严谨、内容丰实。丛书十二分册，涵盖建筑材料、主体结构、节能幕墙、市政道路、桥梁地下工程等核心领域，更兼实验室管理与安全监测等专项内容，既立足基础，又紧扣时代脉搏。尤为可贵者，各分册编写皆以"问题导向"为纲，如《主体结构及装饰装修检测》聚焦施工质量隐患诊断，《工程安全监测》剖析风险预警技术，《建筑节能检测》则直指"双碳"目标下的绿色建筑评价体系。凡此种种，皆彰显丛书对行业痛点的精准回应与前瞻引领。

丛书之价值，尤在其"知行合一"的编撰理念。检测工作绝非纸上谈兵，须以理论为帆，以实践为舵。书中每一章节以现行标准为导向，辅以数据图表与操作流程详解，使晦涩标准化为生动指南。编写团队更汇集数位资深专家，其笔锋既透学术之严谨，又蕴实战之智慧。

"工欲善其事，必先利其器"。此丛书之意义，非止于知识传递，更在于精神传承。书中字里行间，浸润着编者"精益求精、守正创新"的行业匠心。冀望读者持此卷为舟楫，既夯实检测技术之根基，亦淬炼科学思维之锐度，以专业之力筑牢工程品质长城，以敬畏之心守护万家灯火安然。愿此书成为检测同仁案头常备之典，助力中国建造迈向更高、更远、更强之境。

是为序。

博士、教授级高工

V

前　言

根据住房和城乡建设部颁布的《建设工程质量检测机构资质标准》（建质规〔2023〕1号）的相关规定，建设工程质量检测机构资质分为两个类别，即综合资质和专项资质，其中专项资质共分为建筑材料及构配件、主体结构及装饰装修、钢结构、地基基础、建筑节能、建筑幕墙、市政工程材料、道路工程、桥梁及地下工程9个专项。本书针对主体结构及装饰装修专项的技术要求，详细介绍了混凝土结构构件强度、钢筋及保护层厚度、植筋抗拔承载力、构件位置和尺寸、外观质量及内部缺陷、装配式混凝土结构节点检测、结构性能荷载试验、装饰装修工程和室内环境污染物的检测方法、标准要求及工程应用。本书内容以现行国家标准、行业标准为依据，针对检测过程中的难点、要点，全面系统地阐述了各检测项目及参数的分类与标识、检测依据、抽样与制样要求、技术要求、试验方法、评判规则以及检测报告模板等。

本书内容涵盖了主体结构及装饰装修专项的9个检测项目，38个检测参数。本书共分为9章：第1章混凝土结构构件强度，由梁兆强、胡洋旸编写；第2章钢筋及保护层厚度，由廖健、李家烙编写；第3章植筋抗拔承载力，由曾宾、钟春良编写；第4章构件位置和尺寸，由廖健、李家烙编写；第5章外观质量及内部缺陷，由胡红波编写；第6章装配式混凝土结构节点检测，由李百建编写；第7章结构性能荷载试验，由丁洪涛编写；第8章装饰装修工程，由曾宾、钟春良编写；第9章室内环境污染物，由刘淑波、刘辉廷、丘锦龙编写。李百建对本书图稿进行了整理绘制。

本书注重理论与实际相结合，紧跟检测技术时代发展，既介绍主体结构及装饰装修的基本理论知识，又介绍先进检测技术与应用；既介绍质量控制的基本原则，又重点突出实际检测中的常见问题与解决方法。本书可作为主体结构及装饰装修检测员的资格考核培训教材，也可供各企事业单位技术人员、质量监督管理人员、大专院校相关专业师生学习参考。

特别感谢丛书总主编胡贺松教授级高级工程师的策划、组织和指导，本书的编写工作还得到了有关领导、专家的大力支持和帮助，并提出了宝贵意见，感谢所有为本书编写提供专业建议和技术支持的专家学者。

由于编者水平有限和编写时间仓促，书中难免存在不足之处，恳请广大读者批评指正，欢迎反馈宝贵意见和建议。

目　录

CONTENTS

第 1 章

混凝土结构构件强度

1.1 概述

混凝土是由胶凝材料、颗粒状集料（也称为骨料）、水以及必要时加入的外加剂和掺合料按一定比例配制，经均匀搅拌、密实成型、养护硬化而成的一种人工石材。

混凝土具有原料丰富，价格低廉，生产工艺简单的特点，因而使其用量越来越大。同时混凝土还具有抗压强度高、耐久性好、强度等级范围宽等特点。这些特点使其适用范围十分广泛，在造船业、机械工业、海洋的开发、地热工程等领域，混凝土也被广泛应用。

为确保结构安全，必须确保混凝土结构构件强度。本章主要介绍检测实践中常用的混凝土强度检测方法。

1.2 回弹法检测混凝土抗压强度

1.2.1 混凝土回弹仪简介

混凝土回弹仪是一种用于无损检测混凝土抗压强度的仪器。它通过弹击杆弹击混凝土表面，弹击后，弹击锤带动指针向后移动至一定位置，指针在刻度尺上指示出一定的数值，这个数值称为回弹值。回弹值的大小与混凝土的抗压强度有一定的关系，通过对大量不同强度等级的混凝土进行试验，建立起回弹值与混凝土抗压强度之间的对应关系，从而可以根据回弹值来推算混凝土的抗压强度。

回弹法作为非破损检测方法，有以下特点：

（1）仪器构造简单、容易校正、维修、保养，适合于大批量稳定生产。

（2）方法简便，测试技术容易掌握，易于消除系统误差。

（3）影响回弹法测定精度的因素少，易建立具有一定测试误差的测强相关曲线。

（4）不需要或很少需要现场测试的事先作业，完全不破坏构件。

（5）检测速度快、效率高、所需人力少且费用低，适合于现场大量随机测试。

（6）仪器轻巧，便于携带，适合于野外和施工现场使用。

因此，同其他无损检测仪器相比，回弹仪是比较经济实用的非破损测试仪器。图 1.2-1 所示为机械回弹仪在弹击后的纵向剖面结构示意图与主要零件名称。

1.2.2 检测原理与特点

使用击锤以固定能量弹击混凝土表面，通过击锤回弹的高度，结合混凝土表面碳化的程度，推定混凝土的抗压强度。回弹法具有操作简便、检测速度快、对结构无损伤等特点，适用于对混凝土构件强度的快速、大批量检测。回弹法可用于单构件检测或批量检测。

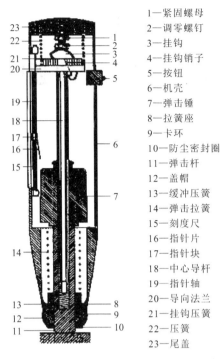

1—紧固螺母
2—调零螺钉
3—挂钩
4—挂钩销子
5—按钮
6—机壳
7—弹击锤
8—拉簧座
9—卡环
10—防尘密封圈
11—弹击杆
12—盖帽
13—缓冲压簧
14—弹击拉簧
15—刻度尺
16—指针片
17—指针块
18—中心导杆
19—指针轴
20—导向法兰
21—挂钩压簧
22—压簧
23—尾盖

图 1.2-1　机械回弹仪在弹击后的纵向剖面结构示意图与主要零件名称

1.2.3　依据标准

中华人民共和国行业标准《回弹法检测混凝土抗压强度技术规程》JGJ/T 23—2011。

1.2.4　适用范围

适用于普通混凝土抗压强度的检测，不适用于表层与内部质量有明显差异或内部存在缺陷的混凝土强度检测。当采用《回弹法检测混凝土抗压强度技术规程》JGJ/T 23—2011 的统一测强曲线进行测区强度换算时，应符合以下条件：

（1）混凝土采用的水泥、砂石、外加剂、掺合料、拌合用水符合国家现行有关标准。

（2）采用普通成型工艺。

（3）采用符合国家标准规定的模板。

（4）蒸汽养护出池经自然养护 7d 以上，且混凝土表层为干燥状态。

（5）自然养护且龄期为 14～1000d。

（6）抗压强度为 10.0～60.0MPa。

当有下列情况之一时，测区混凝土强度不得按《回弹法检测混凝土抗压强度技术规程》JGJ/T 23—2011 附录 A 或附录 B 进行强度换算：

（1）非泵送混凝土粗骨料最大公称粒径大于 60mm，泵送混凝土粗骨料最大公称粒径大于 31.5mm。

（2）特种成型工艺制作的混凝土。

（3）检测部位曲率半径小于 250mm。

（4）潮湿或浸水混凝土。

1.2.5　所需仪器和设备

率定钢砧、弹击能量为 2.207J 的指针直读式回弹仪或数字回弹仪、碳化深度测量仪、1%～2% 的酚酞酒精溶液。

1.2.6　检测步骤

（1）检测前应对回弹仪进行率定。率定试验应在室温为 5～35℃ 的条件下进行，钢砧表面应干燥、清洁并稳固平放在刚度大的物体上。测定回弹值时，应取连续向下弹击三次的稳定回弹值的平均值。率定应分四个方向进行，弹击杆每次应旋转 90°，弹击杆每旋转一次的率定平均值均应为 80±2。

（2）在被检测构件表面布置测区。测区尺寸为 200mm×200mm，宜布置在构件混凝土浇筑方向的侧面（如果不满足检测条件的话可以选在表面或者底面，但是计算时必须对其回弹值进行浇筑面修正，泵送混凝土测区则必须布置在浇筑方向侧面）。测区宜均匀分布在构件的两个对称可测面上，相邻两测区的间距不宜大于 2m。当不能布置在对称的可测面上时，也可布置在一个可测面上，且应均匀分布。测区离构件端部或施工缝边缘的距离不宜大于 0.5m，也不宜小于 0.2m。在构件的重要部位及薄弱部位应布置测区，避开钢筋密集区和预埋件；测试面应为混凝土原浆面且应清洁、平整，不应有疏松层、浮浆、油垢、涂层以及蜂窝、麻面，应对每个测区进行编号。

（3）检测时，回弹仪的轴线应始终垂直于结构或构件的混凝土检测面，缓慢施压，准确读数，快速复位；测点应在测区内均匀分布，相邻两测点的净距不宜小于 20mm；测点距外露钢筋、预埋件的距离不宜小于 30mm；测点不应在气孔或外露石子上，同一测点只应弹击一次，每一测区应记取 16 个回弹值，每一测点的回弹值读数估读至 1。

（4）回弹值测量完毕后，选择有代表性的 3 个测区，每个测区选一个测点测量碳化深度。先用凿子在测区表面形成直径约 15mm 的孔洞，其深度应大于混凝土的碳化深度。将孔洞中的粉末和碎屑用吹球除净，不得用水冲洗。用浓度为 1%～2% 的酚酞酒精溶液滴在孔洞内壁的边缘。当已碳化与未碳化界限清晰时，再用碳化深度测量仪测量已碳化与未碳化混凝土交界面到混凝土表面的垂直距离，测量 3 次，每次读数精确至 0.25mm，取其平均值并记录，精确到 0.5mm。

1.2.7　检测种类和数量

回弹法混凝土强度可按单个构件或按批量进行检测。区别如下：

对于单个构件，测区数不宜少于 10 个。当受检构件数量大于 30 个且不需提供单个构件推定强度或受检构件某一方向的尺寸不大于 4.5m 且另一方向尺寸不大于 0.3m 时，每个构件的测区数可适当减少，但不应少于 5 个。

对于混凝土生产工艺、强度等级相同，原材料、配合比、养护条件基本一致且龄期相近的一批同类构件，可采用批量检测，批量检测时应随机抽取构件；构件抽样数量不应少于同批构件总数的 30%，且不少于 10 件，当检验批构件数量大于 30 个时，抽样数量可适当调整，但不得少于有关标准规定的最小抽样数量。

1.2.8　混凝土强度的计算

（1）测区混凝土强度换算值

从测区的 16 个回弹值中剔除 3 个最大值和 3 个最小值，其余的 10 个回弹值计算算术平均值得出该测区的平均回弹值（R_m）。构件的第 i 个测区的混凝土强度值，可根据平均回弹值（R_m）、平均碳化深度值（d_m）以及测强曲线求得。对于非泵送混凝土，使用《回弹法检测混凝土抗压强度技术规程》JGJ/T 23—2011 中附录 A 进行测区混凝土强度换算；对于泵送混凝土，使用附录 B 进行测区混凝土强度换算。回弹值按下式计算：

$$R_m = \sum_{i=1}^{10} \frac{R_i}{10} \tag{1.2-1}$$

式中：R_m——测区平均回弹值，精确至 0.1；

　　　　R_i——第 i 个测点的回弹值。

（2）碳化深度的测量

采用电锤或其他合适的工具，在测区表面形成直径为 15mm 的孔洞，深度略大于碳化深度。吹去洞中粉末（不能用液体冲洗），立即用浓度 1%～2% 的酚酞酒精溶液滴在孔洞内壁边缘处，未碳化混凝土变成紫红色，已碳化的则不变色。然后用钢尺测量混凝土表面至变色与不变色交界处的垂直距离，即为测试部位的碳化深度，测量 3 次，每次读数应精确至 0.25mm，3 次的测量结果取平均值，精确到 0.5mm。

碳化深度应在有代表性的测区上测量，测点数不应少于构件测区数的 30%，应取其平均值作为该构件每个测区的碳化深度值。当碳化深度极差大于 2.0mm 时，应在每一测区分别测量碳化深度值。

（3）角度修正

非水平方向检测混凝土浇筑侧面时，测区的平均回弹值应按下列公式修正：

$$R_m = R_{m\alpha} + R_{a\alpha} \tag{1.2-2}$$

式中：$R_{m\alpha}$——非水平方向检测时测区的平均回弹值，精确至 0.1；

　　　　$R_{a\alpha}$——非水平方向检测时回弹值修正值，应按《回弹法检测混凝土抗压强度技术规程》JGJ/T 23—2011 附录 C 取值（表 1.2-1）。

非水平方向检测时的回弹值修正值　　　　　表 1.2-1

$R_{m\alpha}$	向上				向下			
	90°	60°	45°	30°	−30°	−45°	−60°	−90°
20	−6.0	−5.0	−4.0	−3.0	+2.5	+3.0	+3.5	+4.0
30	−5.0	−4.0	−3.5	−2.5	+2.0	+2.5	+3.0	+3.5
40	−4.0	−3.5	−3.0	−2.0	+1.5	+2.0	+2.5	+3.0
50	−3.5	−3.0	−2.5	−1.5	+1.0	+1.5	+2.0	+2.5

注：$R_{m\alpha}$ 小于 20 或大于 50 时，分别按 20 或 50 查表；表中未列入的相应于 $R_{m\alpha}$ 的修正值 $R_{a\alpha}$，可用内插法求得，精确值 0.1。

（4）浇筑面修正

水平方向检测混凝土浇筑表面或浇筑底面时，测区的平均回弹值应按下列公式修正：

$$R_m = R_m^t + R_a^t \tag{1.2-3}$$

$$R_m = R_m^b + R_a^b \tag{1.2-4}$$

式中：R_m^t、R_m^b——水平方向检测混凝土浇筑表面、底面时，测区的平均回弹值，精确至0.1；

　　　　R_a^t、R_a^b——混凝土浇筑表面、底面回弹值的修正值，应按《回弹法检测混凝土抗压强度技术规程》JGJ/T 23—2011 附录 D 取值（表 1.2-2）。

不同浇筑面的回弹值修正值　　　　　　　　　　　　　　　　表 1.2-2

R_m^t或R_m^b	表面修正值R_a^t	底面修正值R_a^b	R_m^t或R_m^b	表面修正值R_a^t	底面修正值R_a^b
20	+2.5	−3.0	40	+0.5	−1.0
25	+2.0	−2.5	45	0	−0.5
30	+1.5	−2.0	50	0	0
35	+1.0	−1.5			

注：R_m^t或R_m^b小于 20 或大于 50 时，分别按 20 或 50 查表；表中有关混凝土浇筑表面的修正系数，是指一般原浆抹面的修正值；表中有关混凝土浇筑底面的修正系数，是指构件底面与侧面采用同一类模板在正常浇筑情况下的修正值；表中未列入的相应于R_m^t或R_m^b的修正值R_a^t和R_a^b，可用内插法求得，精确到 0.1。测试时，如果回弹仪既处于非水平状态，同时又在浇筑表面或底面，则应先进行角度修正，再进行表面或底面修正。

（5）当回弹仪为非水平方向且测试面为混凝土的非浇筑侧面时，应先对回弹值进行角度修正，并应对修正后的回弹值进行浇筑面修正。

（6）构件的测区混凝土强度平均值应根据各测区的混凝土强度换算值计算。当测区数为 10 个及以上时，还应计算强度标准差。平均值及标准差应按下列公式计算：

$$m_{f_{cu}^c} = \frac{\sum_{i=1}^{n} f_{cu,i}^c}{n} \tag{1.2-5}$$

$$S_{f_{cu}^c} = \sqrt{\frac{\sum_{i=1}^{n} \left(f_{cu,i}^c\right)^2 - n\left(m_{f_{cu}^c}\right)^2}{n-1}} \tag{1.2-6}$$

式中：$m_{f_{cu}^c}$——构件测区混凝土强度换算值的平均值（MPa），精确至 0.1MPa；

　　　　n——对于单个检测的构件，取该构件的测区数；对批量检测的构件，取所有被抽检构件测区数之和；

　　　　$S_{f_{cu}^c}$——结构或构件测区混凝土强度换算值的标准差（MPa），精确至 0.01MPa。

构件的现龄期混凝土强度推定值（$f_{cu,e}$）应符合下列规定：

① 当构件测区数少于 10 个时，应按下式计算：

$$f_{cu,e} = f_{cu,min}^c \tag{1.2-7}$$

式中：$f_{cu,min}^c$——构件中最小的测区混凝土强度换算值。

② 当构件的测区混凝土强度值出现小于 10.0MPa 时，应按下式计算：

$$f_{cu,e} < 10.0MPa \tag{1.2-8}$$

③ 当构件测区数不少于 10 个时，应按下式计算：

$$f_{cu,e} = m_{f_{cu}^c} - 1.645 S_{f_{cu}^c} \tag{1.2-9}$$

④ 当批量检测时，应按下式计算：

$$f_{cu,e} = m_{f_{cu}^c} - k S_{f_{cu}^c} \tag{1.2-10}$$

式中：k——推定系数，宜取 1.645。当需要进行推定区间时，可按有关标准取值。

对按批量检测的构件，当该批构件混凝土强度标准差出现下列情况之一时，该批构件应全部按单个构件检测：

（1）当该批构件混凝土强度平均值小于 25MPa 且 $S_{f_{cu}}$ > 4.5MPa 时。

（2）当该批构件混凝土强度平均值不小于 25MPa 且不大于 60MPa，并且 $S_{f_{cu}}$ > 5.5MPa 时。

1.2.9　检测报告

（1）回弹法检测混凝土抗压强度时，其检测报告宜包括下列内容：

① 委托单位名称；

② 工程名称；

③ 监督登记号；

④ 见证单位；

⑤ 见证人；

⑥ 检测类别；

⑦ 检测依据；

⑧ 检测位置；

⑨ 混凝土泵送方式；

⑩ 设计强度等级；

⑪ 混凝土浇筑日期；

⑫ 试件龄期；

⑬ 测区数量；

⑭ 检测数据的计算：强度平均值、强度标准差、强度推定值、测区换算强度平均值、最小强度值、标准差；

⑮ 报告编号；

⑯ 出具报告的单位名称，检测等有关人员签字；

⑰ 检测及出具报告的日期等。

（2）报告样板见附录 A.1。

1.3　回弹法检测高强混凝土强度

1.3.1　检测原理与特点

检测原理与回弹法检测混凝土抗压强度基本相同，区别在于高强回弹仪的弹击能量较大，适用于检测高强混凝土（一般指强度等级为 C50～C100 的混凝土）的抗压强度。

1.3.2　依据标准

行业标准《高强混凝土强度检测技术规程》JGJ/T 294—2013。

1.3.3　适用范围

适用于工程结构中强度等级为 C50～C100 混凝土抗压强度的检测，不适用于下列情况的混凝土强度检测：

（1）遭受严重冻伤、化学侵蚀、火灾等导致表里不一致的混凝土和表面不平整的混凝土。

（2）潮湿和特种成型工艺制作的混凝土。

（3）检测部位厚度小于 150mm 的混凝土构件。

（4）所处环境温度低于 0℃或高于 40℃的混凝土。

1.3.4　所需仪器和设备

率定钢砧、标称能量为 4.5J 或 5.5J 的回弹仪，回弹仪应带有指针直读示值系统。

1.3.5　检测数量

对同批构件按批抽样检测时，构件应随机抽样，抽样数量不宜少于同批构件的 30%，且不宜少于 10 件。当检验批中构件数量大于 50 时，构件抽样数量可按现行国家标准《建筑结构检测技术标准》GB/T 50344 进行调整，但抽取的构件总数不宜少于 10 件，并应按现行国家标准《建筑结构检测技术标准》GB/T 50344 进行检测批混凝土的强度推定。

1.3.6　检测步骤

（1）检测前率定，基本操作与回弹法基本相同，在洛氏硬度 HRC 为 60 ± 2 的钢砧上，4.5J 回弹仪的率定值应为 88 ± 2，5.5J 回弹仪的率定值应为 83 ± 1。

（2）在被检测构件表面布置测区，测区布置应符合下列规定：

① 检测时应在构件上均匀布置测区，每个构件上的测区数不应少于 10 个；

② 对某一方向尺寸不大于 4.5m 且另一方向尺寸不大于 0.3m 的构件，其测区数量可减少，但不应少于 5 个；

③ 测区应布置在构件混凝土浇筑方向的侧面，并宜布置在构件的两个对称的可测面上，当不能布置在对称的可测面上时，也可布置在同一可测面上；在构件的重要部位及薄弱部位应布置测区，并应避开预埋件；

④ 相邻两测区的间距不宜大于 2m；测区离构件边缘的距离不宜小于 100mm；

⑤ 测区尺寸宜为 200mm × 200mm；

⑥ 测试面应清洁、平整、干燥，不应有接缝、饰面层、浮浆和油垢；表面不平处可用砂轮适度打磨，并擦净残留粉尘；

⑦ 结构或构件上的测区应注明编号，并应在检测时记录测区位置和外观质量情况。

（3）在构件上回弹测试时，回弹仪的纵轴线应始终与混凝土成型侧面保持垂直，并应缓慢施压、准确读数、快速复位；结构或构件上的每一测区应回弹 16 个测点，每一测点的回弹值应精确至 1mm；测点在测区范围内宜均匀分布，不得分布在气孔或外露石子上；同一测点应只弹击一次，相邻两测点的间距不宜小于 30mm；测点距外露钢筋、铁件的距离不宜小于 100mm。

1.3.7　混凝土强度的计算

（1）计算测区回弹值时，在同一个测区的 16 个回弹值中，剔除 3 个最大值和 3 个最小值，然后将剩余的 10 个回弹值按下式计算，其结果作为该测区回弹值的代表值。

$$R = \frac{1}{10}\sum_{i=1}^{10} R_i \tag{1.3-1}$$

式中：R——测区平均回弹值，精确至 0.1；

R_i——第 i 个测点的回弹值。

（2）按单个构件或按批抽样检测混凝土强度，第 i 个测区混凝土强度换算值，可根据该测区回弹值代表值 R，由《高强混凝土强度检测技术规程》JGJ/T 294—2013 附录 A 或附录 B 查表得出。

（3）结构或构件的测区混凝土强度平均值可根据各测区的混凝土强度换算值计算。当测区数为 10 个及以上时，应计算强度标准差。平均值及标准差应按下列公式计算：

$$m_{f^c_{cu}} = \frac{\sum_{i=1}^{n} f^c_{cu,i}}{n} \tag{1.3-2}$$

$$S_{f^c_{cu}} = \sqrt{\frac{\sum_{i=1}^{n} (f^c_{cu,i})^2 - n(m_{f^c_{cu}})^2}{n-1}} \tag{1.3-3}$$

式中：$m_{f^c_{cu}}$——结构或构件测区混凝土强度换算值的平均值（MPa），精确至 0.1MPa；

n——测区数，对于单个检测的构件，取该构件的测区数；对批量检测的构件，取所有被抽检构件测区数总和；

$S_{f^c_{cu}}$——结构或构件测区混凝土强度换算值的标准差（MPa），精确至 0.01MPa。

（4）当检测条件与测强曲线的使用条件有较大差异或曲线没有经过验证时，应采用同条件标准试件或者直接从结构构件测区内钻取混凝土芯样进行强度修正，且试件数量或混凝土芯样不应少于 6 个，计算时，测区混凝土强度修正量及测区混凝土强度换算值的修正应符合下列规定：

修正量应按下列公式计算：

$$\Delta_{tot} = \frac{1}{n}\sum_{i=1}^{n} f_{cor,i} - \frac{1}{n}\sum_{i=1}^{n} f^c_{cu,i} \tag{1.3-4}$$

$$\Delta_{tot} = \frac{1}{n}\sum_{i=1}^{n} f_{cu,i} - \frac{1}{n}\sum_{i=1}^{n} f^c_{cu,i} \tag{1.3-5}$$

式中：Δ_{tot}——测区混凝土强度修正量（MPa），精确到 0.1MPa；

$f_{cor,i}$——第 i 个混凝土芯样试件的抗压强度；

$f_{cu,i}$——第 i 个混凝土立方体试块的抗压强度；

$f^c_{cu,i}$——对应于第 i 个芯样部位或同条件立方体试块测区回弹值和碳化深度值的混凝土强度换算值；

n——芯样或试块数量。

测区混凝土强度换算值的修正应按下列公式计算：

$$f^c_{cu,i1} = f^c_{cu,i0} + \Delta_{tot} \tag{1.3-6}$$

式中：$f^c_{cu,i0}$——第 i 个测区修正前的混凝土强度换算值（MPa），精确到 0.1MPa；

$f^c_{cu,i1}$——第 i 个测区修正后的混凝土强度换算值（MPa），精确到 0.1MPa。

（5）现龄期混凝土强度推定值（$f_{cu,e}$）应符合下列规定：

当该结构或构件测区数少于 10 个时，应按下式计算：

$$f_{cu,e} = f_{cu,min}^c \tag{1.3-7}$$

式中：$f_{cu,min}^c$——结构或构件最小的测区混凝土强度换算值（MPa），精确至 0.1MPa。

当该结构或构件测区数不少于 10 个或按批量检测时，应按下式计算：

$$f_{cu,e} = m_{f_{cu}^c} - 1.645 S_{f_{cu}^c} \tag{1.3-8}$$

（6）对按批量检测的结构或构件，当该批构件混凝土强度标准差出现下列情况之一时，该批构件应全部按单个构件检测：

① 该批构件的混凝土强度换算值的平均值（$m_{f_{cu}}$）不大于 50.0MPa，且标准差（$S_{f_{cu}}$）大于 5.50MPa 时；

② 该批构件的混凝土强度换算值的平均值（$m_{f_{cu}}$）大于 50.0MPa，且标准差（$S_{f_{cu}}$）大于 6.50MPa 时。

1.3.8　检测报告

（1）回弹法检测高强混凝土抗压强度时，其检测报告宜包括下列内容：

① 委托单位名称；

② 工程名称；

③ 监督登记号；

④ 见证单位；

⑤ 见证人；

⑥ 检测类别；

⑦ 检测依据；

⑧ 检测位置；

⑨ 混凝土泵送方式；

⑩ 设计强度等级；

⑪ 混凝土浇筑日期；

⑫ 试件龄期；

⑬ 测区数量；

⑭ 检测数据的计算：强度平均值、强度标准差、强度推定值、测区换算强度平均值、最小强度值、标准差；

⑮ 报告编号；

⑯ 出具报告的单位名称，检测等有关人员签字；

⑰ 检测及出具报告的日期等。

（2）报告样板见附录 A.2。

1.4　钻芯法检测混凝土抗压强度

1.4.1　检测原理与特点

在混凝土构件上钻取芯样，通过对芯样试件进行抗压试验，得到相应龄期混凝土强度。该检测方法对构件有一定损伤，同一构件不宜钻取过多芯样，可用于单构件检测或批量检测。

1.4.2 依据标准

中华人民共和国行业标准《钻芯法检测混凝土强度技术规程》JGJ/T 384—2016。

1.4.3 所需仪器和设备

钢筋扫描仪、电动钻芯机、电动锯切机、芯样补平装置或芯样磨平机、电液伺服全自动压力试验机、量规等。

1.4.4 资料信息

采用钻芯法检测结构或构件混凝土强度前，宜具备下列资料信息：

（1）工程名称及设计、施工、监理和建设单位名称。

（2）结构或构件种类、外形尺寸及数量。

（3）设计混凝土强度等级。

（4）浇筑日期、配合比通知单和强度试验报告。

（5）结构或构件质量状况和施工记录。

（6）有关的结构设计施工图等。

1.4.5 现场取样步骤

（1）在选定构件上用钢筋探测仪检测钢筋位置，选取没有钢筋的区域作为钻芯位置。由于钻芯法对构件有一定损伤，芯样宜在结构或构件的下列部位钻取：

① 结构或构件受力较小的部位；

② 混凝土强度具有代表性的部位；

③ 便于钻芯机安放与操作的部位；

④ 避开主筋、预埋件和线管的位置。

（2）钻芯机就位并安放平稳后，应将钻芯机固定。固定的方法应根据钻芯机的构造和施工现场的具体情况确定。

（3）钻芯机在未安装钻头之前，应先通电确认主轴的旋转方向为顺时针方向。

（4）钻芯时用于冷却钻头和排除混凝土碎屑的冷却水的流量宜为 3~5L/min。

（5）钻取芯样时宜保持匀速钻进。

（6）芯样应进行标记，钻取部位应予以记录。芯样高度及质量不能满足要求时，则应重新钻取芯样。

（7）芯样应采取保护措施，避免在运输和贮存中损坏。

1.4.6 芯样加工要求

现场取样后，应将混凝土芯样加工成符合要求的芯样试件，方可进行试验。芯样加工要求如下：

（1）抗压芯样试件的高度与直径之比（H/d）宜为 1.00。

（2）芯样试件内不宜含有钢筋；也可有一根直径不大于 10mm 的钢筋，且钢筋应与芯样试件的轴线垂直并离开端面 10mm 以上。

（3）锯切后的芯样应进行端面处理，可采取在磨平机上磨平端面，也可用硫磺胶泥或环氧树脂补平，补平厚度不宜大于 2mm。抗压强度低于 30MPa 的芯样试件，不宜使用磨平端面的处理方法；抗压强度高于 60MPa 的芯样试件，不宜采用硫磺胶泥或环氧胶泥补平。加工完成的芯样应进行养护。

1.4.7 芯样抗压试验

芯样应在自然干燥状态下进行抗压试验。

当结构工作条件比较潮湿，需要确定潮湿状态下混凝土的强度时，芯样试件宜在 20℃±5℃的清水中浸泡 40～48h，从水中取出后应去除表面水渍，立即进行抗压试验。

芯样试件的混凝土抗压强度值可按下式计算：

$$f_{cu,cor} = \beta_c F_c / A \tag{1.4-1}$$

式中：$f_{cu,cor}$——芯样试件的混凝土抗压强度值（MPa）；

　　　F_c——芯样试件的抗压试验测得的最大压力（N）；

　　　A——芯样试件的抗压截面面积（mm²）；

　　　β_c——芯样试件强度折算系数，取 1.0。

1.4.8 混凝土抗压强度计算

钻芯法可用于确定检测批或单个构件的混凝土强度推定值；也可用于修正用间接强度检测方法得到的混凝土抗压强度换算值。当使用钻芯法确定检测批的混凝土强度推定值时，芯样试件的数量应根据检测批的样本容量确定。标准芯样试件（直径 100mm）的最小样本容量不宜少于 15 个，小直径芯样试件（直径小于 100mm）的最小样本数量不宜少于 20 个。芯样应从检测批的构件中随机抽取，每个芯样应取自一个构件或结构的局部部位。

（1）检测批混凝土强度的推定值应按下列方法确定：

① 检测批的混凝土强度推定值应计算推定区间，推定区间的上限值和下限值按下列公式确定：

上限值

$$f_{cu,e1} = f_{cu,cor,m} - k_1 S_{cu} \tag{1.4-2}$$

下限值

$$f_{cu,e2} = f_{cu,cor,m} - k_2 S_{cu} \tag{1.4-3}$$

平均值

$$f_{cu,cor,m} = \frac{\sum\limits_{i=1}^{n} f_{cu,cor,i}}{n} \tag{1.4-4}$$

标准差

$$S_{cu} = \sqrt{\frac{\sum\limits_{i=1}^{n} (f_{cu,cor,i} - f_{cu,cor,m})^2}{n-1}} \tag{1.4-5}$$

式中：$f_{cu,cor,m}$——芯样试件的混凝土抗压强度平均值（MPa），精确至 0.1MPa；

　　　$f_{cu,cor,i}$——单个芯样试件的混凝土抗压强度值（MPa），精确至 0.1MPa；

$f_{cu,e1}$——混凝土抗压强度推定上限值（MPa），精确至 0.1MPa；

$f_{cu,e2}$——混凝土抗压强度推定下限值（MPa），精确至 0.1MPa；

k_1、k_2——推定区间上限值系数和下限值系数，按《钻芯法检测混凝土强度技术规程》JGJ/T 384—2016 附录 A 查得；

S_{cu}——芯样试件抗压强度样本的标准差（MPa），精确至 0.01MPa。

② $f_{cu,e1}$ 和 $f_{cu,e2}$ 所构成推定区间的置信度宜为 0.90，当采用小直径芯样试件时，推定区间的置信度可为 0.85，$f_{cu,e1}$ 与 $f_{cu,e2}$ 之间的差值不宜大于 5.0MPa 和 $0.10f_{cu,cor,m}$ 两者的较大值。

③ $f_{cu,e1}$ 和 $f_{cu,e2}$ 之间的差值大于 5.0MPa 和 $0.10f_{cu,cor,m}$ 两者的较大值，可适当增加样本容量，或重新划分检测批，直至满足上述第②条的规定。

④ 当不具备上述第③条规定时，不宜进行批量推定。

⑤ 宜以 $f_{cu,e1}$ 作为检验批混凝土强度的推定值。

（2）钻芯法确定检验批混凝土强度推定值时，可剔除芯样试件抗压强度样本的异常值。剔除规则应按现行国家标准《数据的统计处理和解释 正态样本离群值的判断和处理》GB/T 4883 的规定执行。

（3）钻芯法确定单个构件的混凝土强度推定值时，有效芯样试件的数量不应少于 3 个；对于较小构件，有效芯样试件的数量不得少于 2 个，单个构件的混凝土强度推定值不再进行数据的舍弃，按有效芯样试件混凝土抗压强度值中的最小值确定。

（4）钻芯法确定构件混凝土抗压强度代表值时，芯样试件的数量宜为 3 个，应取芯样试件抗压强度值的算术平均值为构件混凝土抗压强度代表值。

1.4.9 检测报告

（1）钻芯法检测混凝土抗压强度时，其检测报告宜包括下列内容：

① 委托单位名称；

② 工程名称；

③ 监督登记号；

④ 见证单位；

⑤ 见证人；

⑥ 检测类别；

⑦ 检测依据；

⑧ 检测位置；

⑨ 设计强度等级；

⑩ 混凝土浇筑日期、龄期；

⑪ 试件规格；

⑫ 试件样品编号；

⑬ 芯样破坏压力；

⑭ 抗压强度、强度推定值；

⑮ 报告编号；

⑯ 出具报告的单位名称，检测等有关人员签字；

⑰ 检测及出具报告的日期等。

（2）报告样板见附录 A.3。

1.5　回弹-钻芯综合法检测混凝土强度

1.5.1　检测原理与特点

回弹-钻芯综合法（以下简称"综合法"）是利用回弹法非破损检测结构混凝土强度，再利用钻芯法在结构受力较小处钻取一定数量的芯样，通过芯样混凝土强度换算值修正回弹法检测结果，从而全面反映混凝土质量的一种综合法。

1.5.2　依据标准

中华人民共和国行业标准《回弹法检测混凝土抗压强度技术规程》JGJ/T 23—2011、《高强混凝土强度检测技术规程》JGJ/T 294—2013、《钻芯法检测混凝土强度技术规程》JGJ/T 384—2016。

1.5.3　适用范围

既有结构混凝土抗压强度的检测应符合下列规定：

（1）回弹法的检测操作应符合现行行业标准《回弹法检测混凝土抗压强度技术规程》JGJ/T 23 的规定，遇有下列情况时应采用钻芯验证或修正的方法：

① 混凝土的龄期超出限定要求；

② 混凝土抗压强度超出规定的范围；

③ 采用向上弹击或其他方式的操作时。

（2）对于强度等级为 C50～C100 的混凝土，宜采用现行行业标准《高强混凝土强度检测技术规程》JGJ/T 294 规定的适用方式进行检测，遇有下列情况时应采用钻芯验证或修正的方法：

① 混凝土的龄期超出限定要求；

② 混凝土抗压强度超出规定的范围；

③ 采取了不同的操作措施时。

1.5.4　所需仪器和设备

指针直读式回弹仪或数字回弹仪、碳化深度测量仪、1%～2% 的酚酞酒精溶液、钢筋扫描仪、电动钻芯机、电动锯切机、芯样补平装置或芯样磨平机、电液伺服全自动压力试验机、量规等。

1.5.5　适用条件

当检测条件与《回弹法检测混凝土抗压强度技术规程》JGJ/T 23—2011 的适用条件有较大差异时，可采用在构件上钻取的混凝土芯样或同条件试块对测区混凝土强度换算值进行修正。

1.5.6 检测步骤

检测原理与回弹法和钻芯法检测混凝土抗压强度基本相同,先对结构或构件进行回弹,然后再选取回弹的结构或构件进行钻芯修正。

1.5.7 钻芯数量及位置

当采用修正量的方法时,芯样试件的数量和取芯位置应符合下列规定:

(1)直径 100mm 芯样试件的数量不应少于 6 个,小直径芯样试件的数量不应少于 9 个。

(2)当采用的间接检测方法为无损检测方法时,钻芯位置应与间接检测方法相应的测区重合。

(3)当采用的间接检测方法对结构构件有损伤时,钻芯位置应布置在相应测区的附近。

1.5.8 混凝土强度的计算

(1)测区混凝土抗压强度修正量应按下列公式计算:

$$\Delta_{tot} = f_{cor,m} - f_{cu,m0}^{c} \tag{1.5-1}$$

$$\Delta_{tot} = f_{cu,m} - f_{cu,m0}^{c} \tag{1.5-2}$$

$$f_{cor,m} = \frac{1}{n}\sum_{i=1}^{n} f_{cor,i} \tag{1.5-3}$$

$$f_{cu,m} = \frac{1}{n}\sum_{i=1}^{n} f_{cu,i} \tag{1.5-4}$$

$$f_{cu,m0}^{c} = \frac{1}{n}\sum_{i=1}^{n} f_{cu,i}^{c} \tag{1.5-5}$$

式中: Δ_{tot}——测区混凝土强度修正量(MPa),精确到 0.1MPa;

$f_{cor,m}$——芯样试件混凝土强度平均值(MPa),精确到 0.1MPa;

$f_{cu,m}$——同条件立方体试块混凝土强度平均值(MPa),精确到 0.1MPa;

$f_{cu,m0}^{c}$——对应于钻芯部位或同条件立方体试块回弹测区混凝土强度换算值的平均值(MPa),精确到 0.1MPa;

$f_{cor,i}$——第 i 个混凝土芯样试件的抗压强度;

$f_{cu,i}$——第 i 个混凝土立方体试块的抗压强度;

$f_{cu,i}^{c}$——对应于第 i 个芯样部位或同条件立方体试块测区回弹值和碳化深度值的混凝土强度换算值,可按《回弹法检测混凝土抗压强度技术规程》JGJ/T 23—2011 附录 A 或附录 B 取值;

n——芯样或试块数量。

(2)测区混凝土强度换算值的修正应按下列公式计算:

$$f_{cu,i1}^{c} = f_{cu,i0}^{c} + \Delta_{tot} \tag{1.5-6}$$

式中: $f_{cu,i0}^{c}$——第 i 个测区修正前的混凝土强度换算值(MPa),精确到 0.1MPa;

$f_{cu,i1}^{c}$——第 i 个测区修正后的混凝土强度换算值(MPa),精确到 0.1MPa。

1.5.9　检测报告

（1）回弹-钻芯综合法检测混凝土抗压强度时，其检测报告宜包括下列内容：

① 委托单位名称；

② 工程名称；

③ 监督登记号；

④ 见证单位；

⑤ 见证人；

⑥ 检测类别；

⑦ 检测依据；

⑧ 检测位置；

⑨ 混凝土泵送方式；

⑩ 设计强度等级；

⑪ 混凝土浇筑日期；

⑫ 试件龄期；

⑬ 测区数量；

⑭ 修正方式；

⑮ 检测数据的计算：强度平均值、强度标准差、强度推定值、修正量、测区换算强度平均值、最小强度值、标准差；

⑯ 报告编号；

⑰ 出具报告的单位名称，检测等有关人员签字；

⑱ 检测及出具报告的日期等。

（2）报告样板见附录 A.4。

1.6　超声回弹综合法检测混凝土强度

1.6.1　检测原理与特点

超声回弹综合法是指采用超声仪和回弹仪，在结构混凝土同一测区分别测量声时值和回弹值，然后利用已建立起的测强公式推算测区混凝土抗压强度的一种方法。与单一回弹法或超声法相比，超声回弹综合法具有受混凝土龄期和含水率影响小、测试精度高、适用范围广、能够较全面地反映结构混凝土的实际质量等优点。

1.6.2　依据标准

行业标准《回弹法检测混凝土抗压强度技术规程》JGJ/T 23—2011、《高强混凝土强度检测技术规程》JGJ/T 294—2013、中国工程建设标准化协会标准《超声回弹综合法检测混凝土抗压强度技术规程》T/CECS 02—2020。

1.6.3　适用范围

（1）当对结构的混凝土强度有怀疑时，可按《超声回弹综合法检测混凝土抗压强度技术规程》T/CECS 02—2020 进行检测，以推定混凝土强度，并作为处理混凝土质量问题的一个主要依据。

（2）在具有钻芯试件作校核的条件下，可按本规程对结构或构件长龄期的混凝土强度进行检测推定。

1.6.4 所需仪器和设备

指针直读式回弹仪或数字回弹仪、碳化深度测量仪、1%～2%的酚酞酒精溶液、混凝土超声波检测仪。

（1）超声回弹综合法所采用的回弹仪应符合下列要求：

回弹仪除应符合现行国家标准《回弹仪》GB/T 9138 的有关规定外，尚应符合下列规定：

① 水平弹击时，弹击锤脱钩的瞬间，回弹仪的标称能量应为 2.207J；

② 弹击锤与弹击可碰撞的瞬间，弹击拉簧应处于自由状态，且弹击锤起跳点应位于指针指示刻度尺上的"0"处；

③ 在洛氏硬度 HRC 为 60 ± 2 的钢毡上，回弹仪的率定值应为 80 ± 2；

④ 数字式回弹仪应带有指针直读示值系统，数字显示的回弹值与指针直读示值相差不应超过 1；

⑤ 回弹仪使用时，环境温度应为−4～40℃。

（2）超声回弹综合法所采用的混凝土超声波检测仪应符合现行行业标准《混凝土超声波检测仪》JG/T 5004 的有关规定；换能器的工作频率宜在 50～100kHz 范围内，其实测主频与标称主频相差不应超过±10%。

1.6.5 检测测区要求

（1）检测数量应符合下列规定：

① 构件检测时，应在构件检测面上均匀布置测区，每个构件上的测区数不应少于 10 个；对于检测面一个方向尺寸不大于 4.5m，且另一个方向尺寸不大于 0.3m 的构件，测区数可适当减少，但不应少于 5 个；

② 当同批构件按批进行一次或二次随机抽样检测时，随机抽样的最小样本容量宜符合《混凝土结构现场检测技术标准》GB/T 50784—2013 表 3.4.4 的规定。

（2）构件的测区布置应符合下列规定：

① 在条件允许时，测区宜布置在构件混凝土浇筑方向的侧面；

② 测区可在构件的两个相对面、相邻面或同一面上布置；

③ 测区宜均匀布置，相邻两测区的间距不宜大于 2m；

④ 测区应避开钢筋密集区和预埋件；

⑤ 测区尺寸宜为 200mm × 200mm，采用平测时宜为 400mm × 400mm；

⑥ 测试面应为清洁、平整、干燥的混凝土原浆面，不应有接缝、施工缝、饰面层、浮浆和油垢，并应避开蜂窝、麻面部位；

⑦ 测试时可能产生颤动的薄壁、小型构件，应对构件进行固定；

⑧ 测区应有清晰的编号，并记录测区位置和外观质量情况。

1.6.6　回弹测试及回弹值计算

（1）检测时，回弹仪的轴线应始终垂直于检测面，缓慢施压、准确读数、快速复位。

（2）测点应在测区范围内均匀分布，相邻两测点的净距不宜小于 20mm；测点距外露钢筋、预埋件的距离不宜小于 30mm。弹击时应避开气孔和外露石子，同一测点只应弹击一次，读数估读至 1。

（3）测区回弹代表值应从测区的 10 个回弹值中剔除 1 个最大值和 1 个最小值，并应用剩余 8 个有效回弹值按下式计算：

$$R = \frac{1}{8}\sum_{i=1}^{8} R_i \tag{1.6-1}$$

式中：R——测区平均回弹值，精确至 0.1；

　　　R_i——第 i 个测点的回弹值。

（4）应根据现行行业标准《回弹法检测混凝土抗压强度技术规程》JGJ/T 23 的有关规定对回弹平均值进行测试角度、测试面的修正，以修正后的平均值作为该测区回弹值的代表值。

1.6.7　超声测试及声速值计算

（1）超声测点应布置在回弹测试的同一测区内，每一测区应布置 3 个测点。超声测试宜采用对测，当被测构件不具备对测条件时，可采用角测或平测。超声角测、平测和声速计算方法应符合《超声回弹综合法检测混凝土抗压强度技术规程》T/CECS 02—2020 附录 D 的有关规定。

（2）超声测试应符合下列规定：

①应在混凝土超声波检测仪上配置满足要求的换能器和高频电缆；

②换能器辐射面应与混凝土测试面耦合；

③应先测定声时初读数（t_0），再进行声时测量，读数应精确至 0.1μs；

④超声测距（l）测量应精确至 1mm，且测量允许误差应在 ±1%；

⑤检测过程中若更换换能器或高频电缆，应重新测定声时初读数（t_0）；

⑥声速计算精确至 0.01km/s。

（3）当在混凝土浇筑方向的侧面对测时，测区混凝土中声速代表值应按下式计算：

$$v_d = \frac{1}{3}\sum_{i=1}^{3}\frac{l_i}{t_i - t_0} \tag{1.6-2}$$

式中：v_d——对测测区混凝土中声速代表值（km/s）；

　　　l_i——第 i 个测点的超声测距（mm）；

　　　t_i——第 i 个测点的声时读数（μs）；

　　　t_0——声时初读数（μs）。

（4）当在混凝土浇筑的表面或底面对测时，测区混凝土中声速代表值应按下式修正：

$$v_a = \beta \cdot v_d \tag{1.6-3}$$

式中：v_a——修正后的测区混凝土中声速代表值（km/s）；

β——超声测试面的声速修正系数，取 1.034。

1.6.8 全国测强曲线

全国统一测区混凝土抗压强度换算可按下式计算：

$$f_{cu,i}^c = 0.0286 v_{ai}^{1.999} R_{ai}^{1.155} \tag{1.6-4}$$

式中：$f_{cu,i}^c$——第i个测区的混凝土抗压强度换算值（MPa），精确至 0.1MPa；

R_{ai}——第i个测区修正后的测区回弹代表值；

v_{ai}——第i个测区修正后的测区声速代表值。

1.6.9 混凝土抗压强度推定

（1）构体第i个测区的混凝土抗压强度换算值（$f_{cu,i}^c$），可按《超声回弹综合法检测混凝土抗压强度技术规程》T/CECS 02—2020 第 5.2 节和第 5.3 节的有关规定求得修正后的测区回弹代表值（R_{ai}）和声速代表值（v_{ai}）后，采用《超声回弹综合法检测混凝土抗压强度技术规程》T/CECS 02—2020 第 6.1.2 条规定的测强曲线换算而得。

（2）当构件所采用的材料及龄期与制定测强曲线所采用的材料及龄期有较大差异时，可采用在构件上钻取混凝土芯样或同条件立方体试件对测区混凝土抗压强度换算值进行修正。

（3）混凝土芯样修正时，芯样数量不应少于 4 个，公称直径宜为 100mm，高径比应为 1。芯样应在测区内钻取，每个芯样应只加工 1 个试件，并应符合现行行业标准《钻芯法检测混凝土强度技术规程》JGJ/T 384 的有关规定。

（4）同条件立方体试件修正时，试件数量不应少于 4 个，试件边长应为 150mm，并应符合现行国家标准《混凝土物理力学性能试验方法标准》GB/T 50081 的有关规定。

1.6.10 混凝土强度的计算

（1）测区混凝土抗压强度修正量应按下列公式计算：

$$\Delta_{tot} = f_{cor,m} - f_{cu,m0}^c \tag{1.6-5}$$

$$\Delta_{tot} = f_{cu,m} - f_{cu,m0}^c \tag{1.6-6}$$

$$f_{cor,m} = \frac{1}{n} \sum_{i=1}^{n} f_{cor,i} \tag{1.6-7}$$

$$f_{cu,m} = \frac{1}{n} \sum_{i=1}^{n} f_{cu,i} \tag{1.6-8}$$

$$f_{cu,m0}^c = \frac{1}{n} \sum_{i=1}^{n} f_{cu,i}^c \tag{1.6-9}$$

式中：Δ_{tot}——测区混凝土强度修正量（MPa），精确到 0.1MPa；

$f_{cor,m}$——芯样试件混凝土强度平均值（MPa），精确到 0.1MPa；

$f_{cu,m}$——150mm 同条件立方体试块混凝土强度平均值（MPa），精确到 0.1MPa；

$f_{cu,m0}^c$——对应于钻芯部位或同条件立方体试块回弹测区混凝土强度换算值的平均值

（MPa），精确到 0.1MPa；

$f_{cor,i}$——第 i 个混凝土芯样试件的抗压强度；

$f_{cu,i}$——第 i 个混凝土立方体试块的抗压强度；

$f_{cu,i}^c$——对应于第 i 个芯样部位或同条件立方体试块测区回弹值和碳化深度值的混凝土强度换算值，可按《回弹法检测混凝土抗压强度技术规程》JGJ/T 23—2011 附录 A 或附录 B 取值；

n——芯样或试块数量。

（2）测区混凝土强度换算值的修正应按下列公式计算：

$$f_{cu,i1}^c = f_{cu,i0}^c + \Delta_{tot} \tag{1.6-10}$$

式中：$f_{cu,i0}^c$——第 i 个测区修正前的混凝土强度换算值（MPa），精确到 0.1MPa；

$f_{cu,i1}^c$——第 i 个测区修正后的混凝土强度换算值（MPa），精确到 0.1MPa。

（3）单构件混凝土抗压强度推定应符合下列规定：

① 当构件测区数量不少于 10 个时，该构件混凝土抗压强度推定值可按下式计算：

$$f_{cu,e} = m_{f_{cu}^c} - 1.645 S_{f_{cu}^c} \tag{1.6-11}$$

式中：$f_{cu,e}$——构件混凝土抗压强度推定值，精确至 0.1MPa；

$m_{f_{cu}^c}$——测区换算强度平均值，精确至 0.1MPa；

$S_{f_{cu}^c}$——测区换算强度标准差，精确至 0.01MPa。

② 当构件测区数量少于 10 个时，该构件混凝土抗压强度推定值应按下式计算：

$$f_{cu,e} = f_{cu,min}^c \tag{1.6-12}$$

式中：$f_{cu,min}^c$——测区换算强度最小值，精确至 0.1MPa。

1.6.11　检测报告

（1）回弹法检测混凝土抗压强度时，其检测报告宜包括下列内容：

① 委托单位名称；

② 工程名称；

③ 监督登记号；

④ 见证单位；

⑤ 见证人；

⑥ 检测类别；

⑦ 检测依据；

⑧ 检测位置；

⑨ 混凝土泵送方式；

⑩ 设计强度等级；

⑪ 混凝土浇筑日期；

⑫ 试件龄期；

⑬ 测区数量；

⑭ 检测数据的计算：测区换算强度平均值、最小强度值、标准差、强度推定值；

⑮报告编号；

⑯出具报告的单位名称，检测等有关人员签字；

⑰检测及出具报告的日期等。

（2）原始记录及报告样板见附录 A.5。

第 2 章

钢筋及保护层厚度

2.1 概述

本章"钢筋保护层"也称"混凝土保护层"。它的定义是结构构件中钢筋外边缘至构件表面范围用于保护钢筋的混凝土，简称保护层。从构件类型上来分，钢筋保护层可分为梁、柱类构件钢筋保护层和墙、板类构件钢筋保护层；从钢筋类型上来分，钢筋保护层又分为主筋钢筋保护层、箍筋钢筋保护层。钢筋保护层，是对混凝土内部钢筋起到保护作用的混凝土层。钢筋保护层的作用主要有以下 3 点：①保证结构的耐久性；②保证混凝土对钢筋的握裹力；③保证结构的承载力。电磁感应法是目前检测混凝土钢筋保护层厚度最常用的一种无损检测方法。根据《混凝土结构现场检测技术标准》GB/T 50784—2013第 9.3.1 条，混凝土保护层厚度宜采用钢筋探测仪进行检测并应通过剔凿原位检测法进行验证。

2.2 电磁感应法

电磁感应法的基本原理是根据钢筋对仪器探头所发出的电磁场感应强度来判定钢筋的大小和距离。钢筋公称直径和距离相互关联，钢筋直径较大时，其保护层厚度较大。因此，为了准确得到混凝土保护层厚度值，应该按照钢筋实际直径进行设定。

2.3 检测依据与数量

2.3.1 检测依据

不同行业的钢筋保护层厚度检测依据不完全相同，应符合国家、行业、地方等标准以及建设单位、政府文件的相关规定。以建筑工程行业为例，目前广东省广州市的钢筋保护层厚度检测依据主要有：

（1）《混凝土结构现场检测技术标准》GB/T 50784—2013。

（2）《混凝土中钢筋检测技术标准》JGJ/T 152—2019。

（3）《混凝土结构工程施工质量验收规范》GB 50204—2015。

2.3.2 检测数量

钢筋保护层厚度检测数量参照现行国家标准《混凝土结构工程施工质量验收规范》GB 50204 的要求，如表 2.3-1 所示。

行业标准检测数量要求   表 2.3-1

序号	构件名称	检测数量	备注
1	梁类构件	（1）对非悬挑梁类构件，应各抽取构件数量的 2%且不少于 5 个构件进行检验。 （2）对悬挑梁，应抽取构件数量的 5%且不少于 10 个构件进行检验；当悬挑梁数量少于 10 个时，应全数检验	对选定的梁类构件，应对全部纵向受力钢筋的保护层厚度进行检测
2	板类构件	（1）对非悬挑板类构件，应各抽取构件数量的 2%且不少于 5 个构件进行检验。 （2）对悬挑板，应抽取构件数量的 10%且不少于 20 个构件进行检验；当悬挑板数量少于 20 个时，应全数检验	对选定的板类构件，应抽取不少于 6 根纵向受力钢筋的保护层厚度进行检验。对每根钢筋，应选择有代表性的不同部位量测 3 点取平均值

2.4 检测前准备工作

检测前需做好进场准备工作，应逐一检查以下条件是否满足进场检测要求：

（1）收集被检构件资料、设计施工资料及现场实际情况，能否满足检测工作面的要求。

（2）检测方案完整且上传监管系统（如需）。

（3）与现场相关人员沟通进场时间。

（4）拟进场检测人员在检测监管系统登记备案（如需）。

（5）在检测监管系统登记进场时间和检测内容（如需）。

（6）检测人员具备相应的混凝土结构实体检测上岗证（如需）。

（7）钢筋探测仪器设备正常运行且电量充足。

（8）钢筋探测仪器设备在正常检定或校准有效期内。

2.5 现场检测操作

钢筋间距及保护层厚度现场检测应参考检测前要求、仪器参数设置等内容实施，并填写钢筋配置及保护层厚度检测原始记录表。

2.5.1 检测前要求

（1）进行混凝土保护层厚度检测时，检测部位应无饰面层，有饰面层时应清除；当进行钢筋间距检测时，检测部位宜选择无饰面层或饰面层影响较小的部位。

（2）混凝土保护层检测位置宜选择保护层要求较高的部位。

（3）检测所进行的钻孔、剔凿等不得损坏钢筋。混凝土保护层厚度的直接量测精度不应低于 0.1mm，钢筋间距的直接量测精度不应低于 1mm。

2.5.2 钢筋间距及混凝土保护层厚度检测

（1）检测前，应对钢筋探测仪进行预热和调零，调零时探头应远离金属物体，检测过程中应核查钢筋探测仪的零点状态。

（2）进行检测前应进行预扫描，宜结合设计资料了解钢筋布置状况。预扫描时，应避开钢筋接头、绑丝及金属预埋件，钢筋间距应满足钢筋探测仪的检测要求。探头在检测面上移动，直到仪器的保护层厚度示值最小，此时探头中心线与钢筋轴线应重合，在对应构件表面做好标记，初步了解钢筋埋设深度。

（3）根据设计资料和预扫描结果，设定仪器量程范围及钢筋公称直径。正式检测时，沿被测钢筋轴线选择相邻钢筋影响较小的位置，并应避开钢筋接头和绑丝，在预扫描的基础上进行扫描探测，确定钢筋的准确位置，并读取保护层厚度检测值。

（4）应对同一根钢筋的同一处检测 2 次，读取第 1 次检测的混凝土保护层厚度检测值 c_1^t，在被测钢筋的同一位置重复检测一次，读取第 2 次检测的混凝土保护层厚度检测值 c_2^t，取二次检测数据的平均值为保护层厚度值。

（5）对同一处读取的 2 个混凝土保护层厚度检测值相差大于 1mm 时，该组检测数据无效，并查明原因，在该处应重新进行检测。如 2 个混凝土保护层厚度检测值相差仍大于 1mm，则应更换钢筋探测仪或采用钻孔、剔凿的方法验证。

（6）当实际混凝土保护层厚度小于钢筋探测仪最小示值时，应采用在探头下附加垫块的方法进行检测。垫块对钢筋探测仪检测结果不应产生干扰，表面应光滑平整，其各方向厚度值偏差不应大于 0.1mm，所加垫块厚度 c_0 在计算时应予扣除。

2.5.3　钢筋间距检测

（1）检测前，应对钢筋探测仪进行预热和调零，调零时探头应远离金属物体，检测过程中应核查钢筋探测仪的零点状态。

（2）根据预扫描的结果，设定仪器量程范围，在预扫描的基础上进行扫描，确定钢筋的准确位置。

（3）检测钢筋间距时，应将检测范围内的设计间距相同的连续相邻钢筋逐一标出，并应逐个量测钢筋的间距。当同一构件检测的钢筋数量较多时，应对钢筋间距进行连续量测，测量的钢筋间距不宜少于 6 个。

（4）当采用直接法验证时，应选取不少于 30% 的已测钢筋，且不应少于 7 根。当实际检测数量小于 7 根时应全部抽取。

2.5.4　钢筋直径检测

直接法通过直接测量钢筋的实际尺寸来确定其直径，适用于光圆钢筋和带肋钢筋，检测步骤如下：

（1）应剔除混凝土保护层，露出钢筋，并将钢筋表面的残留混凝土清除干净。

（2）应用游标卡尺测量钢筋直径，测量精确到 0.1mm。

（3）同一部位应重复测量 3 次，将 3 次测量结果的算术平均值作为该测点钢筋直径检测值。

（4）对光圆钢筋，应测量不同方向的直径。

（5）对带肋钢筋，宜测量钢筋内径。

2.5.5　钢筋锈蚀性状检测

钢筋锈蚀性状可采用半电池电位法进行检测。

（1）在混凝土结构及构件上布置若干测区，测区面积不宜大于 5m×5m，并按确定的位置进行编号。每个测区应采用行、列布置测点，依据被测结构及构件的尺寸，宜用 100mm×100mm～500mm×500mm 划分网格，网格的节点为电位测点。每个结构或构件的半电池电位法测点数不应少于 30 个。

（2）当测区混凝土有绝缘涂层介质隔离时，应清除绝缘涂层介质；测点处混凝土表面应平整、清洁；不平整、清洁的应采用砂轮或钢丝刷打磨，并应清除粉尘等杂物。

（3）导线与钢筋的连接应按下列步骤进行：

① 采用电磁感应法钢筋探测仪检测钢筋的分布情况，并应在适当位置剔凿出钢筋；

② 导线一端应接于电压仪的负输入端、另一端应接于混凝土中的钢筋上；

③ 连接处的钢筋表面应除锈或清除污物，以保证导线与钢筋有效连接；测区内的钢筋必须与连接点的钢筋形成电通路。

（4）导线与铜-硫酸铜半电池的连接应按下列步骤进行：

① 连接前应检查各种接口，接口接触应良好；

② 导线一端应连接到铜-硫酸铜半电池接线插座上，另一端应连接到电压仪的正输入端。

（5）测区混凝土应预先充分浸湿，可在饮用水中加入 2%液态洗涤剂配置成导电溶液，在测区混凝土表面喷洒；半电池的电连接垫与混凝土表面测点应有良好的耦合。

（6）铜-硫酸铜半电池检测系统稳定性应符合下列规定：

① 在同一测点，用同一只铜-硫酸铜半电池重复 2 次测得该点的电位差值，其值应小于 10mV；

② 在同一测点，用两只不同的铜-硫酸铜半电池重复 2 次测得该点的电位差值，其值应小于 20mV。

（7）铜-硫酸铜半电池电位的检测应按下列步骤进行：

① 测量并记录环境温度；

② 应按测区编号，将铜-硫酸铜半电池依次放在各电位测点上，检测并记录各测点的电位值；

③ 检测时，应及时清除电连接垫表面的吸附物，铜-硫酸铜半电池多孔塞与混凝土表面应形成电通路；

④ 在水平方向和垂直方向上检测时，应保证铜-硫酸铜半电池刚性管中的饱和硫酸铜溶液同时与多孔塞和铜棒保持完全接触；

⑤ 检测时应避免外界多种因素产生的电流影响；

⑥ 检测报告见附录 B.1。

2.6 检测结果

2.6.1 检测数据处理

（1）钢筋的混凝土保护层厚度平均检测值应按下式计算：

$$c_m^t = (c_1^t + c_2^t + 2c_c - 2c_0)/2 \tag{2.6-1}$$

式中：c_m^t——第 i 测点混凝土保护层厚度平均检测值，精确至 1mm；

c_1^t、c_2^t——第 1、2 次检测的混凝土保护层厚度检测值，精确至 1mm；

c_c——混凝土保护层厚度修正值，为同一规格钢筋混凝土保护层厚度实测验证值减去检测值，精确至 0.1mm；当没有进行钻孔剔凿验证时，取 0；

c_0——探头垫块厚度，精确至 0.1mm；不加垫块时 $c_0 = 0$。

（2）检测钢筋间距时，可根据实际需要采用绘图方式给出相邻钢筋间距，当检测钢筋为连续 6 个间距时，也可给出被测钢筋的最大间距、最小间距，并按下式计算平均钢筋间距 $s_{m,i}$：

$$s_{m,i} = \frac{\sum\limits_{i=1}^{n} s_i}{n} \tag{2.6-2}$$

式中：$s_{m,i}$——平均钢筋间距，精确至 1mm；

　　　s_i——第 i 个钢筋间距，精确至 1mm。

2.6.2　检测结果判定

（1）钢筋保护层厚度检验时，纵向受力钢筋保护层厚度的允许偏差，对梁类构件为 +10mm，−7mm；对板类构件为 +8mm，−5mm。

（2）对梁类、板类构件纵向受力钢筋的保护层厚度应分别进行评定。

① 当全部钢筋保护层厚度检验的合格点率为 90% 及以上时，钢筋保护层厚度的检验结果应判为合格；

② 当全部钢筋保护层厚度检验的合格点率小于 90% 但不小于 80%，可再抽取相同数量的构件进行检验；当按两次抽样总和计算的合格点率为 90% 及以上时，钢筋保护层厚度的检验结果仍应判为合格；

③ 每次抽样检验结果中不合格点的最大偏差均不应大于允许偏差的 1.5 倍。

（3）钢筋间距检验时，受力钢筋间距的允许偏差为 ±10mm，绑扎箍筋间距的允许偏差为 ±20mm。

（4）半电池电位值评价钢筋锈蚀性状的判别可参考表 2.6-1。

半电池电位值评价钢筋锈蚀性状的判别　　　　　　　　　　表 2.6-1

电位水平/mV	钢筋锈蚀性状
> −200	不发生锈蚀的概率 > 90%
−350～−200	锈蚀性状不确定
< −350	发生锈蚀的概率 > 90%

2.6.3　检测报告的主要内容

（1）标题、检测项目名称、检测地点、检测方法、检测日期、检测单位名称和地址、委托单位名称、检测报告的唯一性标识、每页及总页数的标识和检测目的。

（2）检测依据的标准和规范（或非标准方法的说明）。

（3）检测数量、现场检测情况及检测结果。

（4）对报告负有技术责任者的签字和签署日期。

（5）报告版权的声明。

2.7 检测案例分析

某房屋结构类型为框架结构,其中 2×B～C 轴为钢筋混凝土梁。该钢筋混凝土梁的钢筋配置及保护层厚度现场检测如图 2.7-1 所示,使用钢卷尺分别测量梁的左、中、右三个部位的值,对同一根钢筋混凝土一处检测 2 次,取二次检测数据的平均值为保护层厚度值。

(a) 梁左部测量　　　　　　　(b) 梁中部测量　　　　　　　(c) 梁右部测量

图 2.7-1　钢筋配置及保护层厚度现场检测

为及时掌握检测结果、发现可能存在的质量问题,做到及时处理,避免工期延误,应相关方要求可出具检测结果简报。结果简报应至少包括项目名称、委托单位、检测日期、检测方法、检测结果等。

钢筋保护层厚度检测法正式检测报告应符合现行标准:①《混凝土结构现场检测技术标准》GB/T 50784;②《混凝土中钢筋检测技术标准》JGJ/T 152;③《混凝土结构工程施工质量验收规范》GB 50204 的相关要求,正式检测报告的主要内容包括以下方面:

(1)委托方名称,建设、勘察、设计、监理和施工单位,设计要求。

(2)工程名称、地点。

(3)检测目的、检测依据、检测数量、检测日期。

(4)检测人员、质量监督站、监督号。

(5)检测方法、检测仪器设备、检测过程。

(6)检测数据包括构件编号、轴线位置及实测值。

(7)检测结果表格及检测结论。

第 3 章

植筋抗拔承载力

3.1 概述

植筋抗拔承载力俗称植筋锚固力是指后植入钢筋在混凝土中的抗拉强度。在建筑结构中，通过使用植筋技术，将钢筋或钢板等材料通过特殊的工艺方法植入混凝土中，提高结构的抗震性能和承载能力。植筋一般用于加固混凝土构件、填充墙砌体植筋和设计变更。植筋锚固的质量直接影响到构件的安全可靠性。植筋锚固是一种高效、经济、可靠的加固方式，被广泛应用于建筑、桥梁、隧道、水利工程等领域。

植筋锚固力检测是检测人员依据国家和地方有关规范、标准、规定，结合有关技术文件，借助专业知识和仪器设备，按照检测方案，对建筑工程所用植筋进行锚固力检测，其检测结果的准确性体现了植筋锚固检测技术水平的高与低。

3.2 工作内容

接到植筋检测的委托之后，对于重点工程应成立专门的检测组，首先开展对重点项目的调查，包括对该工程植筋所用资料的调查、收集，以及现场的实地调查，然后制定检测方案，根据检测方案对植筋锚固力进行检测，并出具检测报告。

3.3 植筋锚固力检测流程

植筋锚固力检测程序应按图 3.3-1 的步骤进行。

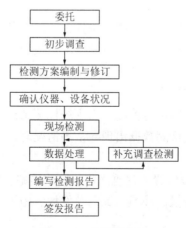

图 3.3-1 检测程序图

3.4 检测工作内容

3.4.1 核定检测方案

承接检测工作时，首先要核定已有的检测方案和内容，一般情况下应按照已有的检测方案和内容进行检测工作，当已有的检测方案和内容与实际情况有出入或不能检测完整数据时，为确保检测工作质量，应对已有的检测方案和内容进行修订，并告知该检测方案的制定人。

3.4.2 初步调查

（1）收集资料

对重点项目的检测，检测人员须要求委托方提供必要、详细的资料。

①检测项目的基本资料。包括：设计、施工、监理单位的资料，以及项目的位置、用途、植筋锚固时间、结构类型等资料。

②主要的设计资料和施工资料。包括：设计计算书、设计说明、施工图（建筑图、结构图）、设计变更、施工记录等。

③检测项目的使用情况及维修、加固改造情况。包括：施工、加固、夹层、扩建、用途变更等。

（2）现场初步调查

初步调查包括：资料调查、现场调查及补充调查。

①仔细查阅委托方所提供的资料，并做好记录。

②现场调查应实地观察，听取现场有关人员的意见，并做好现场调查记录。

③补充调查。

对现场调查的未尽事宜、遗漏部分或需要增加数据的情况可进行补充调查。补充调查主要涉及个别项目或个别部位，应在现场调查后尽快进行。

3.4.3 检测方案编制与修订

检测方案是整个检测计划的总体安排，包括人员、设备及工作的统一调度，检测方案应根据项目的特点、初步调查结果和委托方的要求，依据相关标准制定，力求详尽。检测方案是指导工程检测工作的一个关键环节，是检测质量的指导性文件，是检测质量保证体系的一个重要组成部分，起主导作用。

现场检测必须按照检测方案进行检测，当现场检测结果与设计不相符，应以实际检测结果为准。当检测数据不足或检测数据出现异常等情况时，应进行补充检测。

（1）检测方案主要内容

①工程概况。包括：工程位置、建筑面积、结构类型、层数、装修情况、竣工日期、用途、使用状况、地震设防等级、环境状况以及设计、施工、监理、建设、委托单位等。

②检测目的和项目。

③检测依据。包括：检测方法、质量标准、检测规程和有关技术资料。

④ 选定的检测方法及数量。包括：各种构件的统计数量，确定批量，确定抽样方式及数量。

⑤ 检测人员构成和仪器设备。

⑥ 检测工作流程和时间、进度安排。

⑦ 所需要配合工作，特别是需要委托方配合的工作。

⑧ 检测中的安全及环保措施。

（2）检测方案编制要求

检测方案应根据委托方要求、现状和现场条件及相关标准进行编制。检测方案应征求委托方的意见，并应经过审核、批准后才能实施。

① 编制检测方案一定要符合实际情况，根据具体工程安排人力、设备和工作进程、防止闭门造车。

② 编写前要充分查看已有的资料，掌握结构体系、结构类型、施工情况及已发现的问题，做到心中有数。

③ 现场调查结果要有清晰的概念，结合资料所提供的信息，对检测的主要目的进行分析，并体现在方案中。

④ 对检测数量和方法，应检测随机与重点检相结合的原则，做到由点及面、点面结合。

⑤ 检测进度需在实事求是的情况下预留空间。

⑥ 标明检测项目的抽样位置。

⑦ 大型工程和新型结构体系的项目，应根据结构的受力特点制定检测方案并对其进行论证。

（3）检测方案编制依据

检测标准是编制检测方案，开展检测工作的重要依据。

植筋锚固力检测方案编制依据的规范标准主要有：

①《混凝土结构后锚固技术规程》JGJ 145—2013。

②《建筑结构加固工程施工质量验收规范》GB 50550—2010。

③《砌体结构工程施工质量验收规范》GB 50203—2011。

④《混凝土结构加固设计规范》GB 50367—2013。

（4）抽检数量的确定

检测抽检数量应根据选用的检测标准要求和规定进行抽样确定,各规范抽样数量如下：

① 根据《建筑结构加固工程施工质量验收规范》GB 50550—2010 附录 W.2.3 植筋锚固质量的非破损检验抽样方式：对重要结构构件，应按其检验批植筋总数的 3%，且不少于 5 件进行随机抽样；对一般结构构件，应按 1%，且不少于 3 件进行随机抽样。

② 根据《混凝土结构后锚固技术规程》JGJ 145—2013 附录 C.2 植筋锚固质量的非破损检验抽样方式，对重要结构构件及生命线工程的非结构构件，应取每一检验批植筋总数的 3%且不少于 5 件进行随机抽样；对一般结构构件，应取每一检验批植筋总数的 1%且不少于 3 件进行随机抽样；对非生命线工程的非结构构件，应取每一检验批锚固件总数的 0.1%且不少于 3 件进行随机抽样。

同时，根据《砌体结构工程施工质量验收规范》GB 50203—2011，常用的填充墙与承重墙、柱、梁的连接钢筋的植筋拉拔抽检数量，可参考此条或按此规范的第 9.2.3 条进行取样。

3.5 现场检测

现场检测要求准确、可靠，并具有一定代表性。因此，现场检测需要有较好的组织，以圆满地完成检测任务。

3.5.1 准备工作

检测前要做好充分的准备，包括：指定项目负责人、确认检测技术方法和进行项目安全交底，确保相关人员持证上岗，同时确保仪器出库完好、仪器计量检验合格等。拉拔仪（图 3.5-1）需要根据所检植筋的拉拔力大小进行选择，拉拔仪的量程需要在拉拔力的范围内。

图 3.5-1 常用拉拔仪产品图

3.5.2 安全要求

检测人员应服从负责人或安全人员的指挥，不得随便离开检测场地或擅自到其他与检测无关的场地，也不得乱动与检测无关的设备；检测人员应穿戴相关安全衣帽，高空作业前需要检查梯子等登高机具；检测人员在整个工作期间严禁饮酒；对于没有任何保护措施的架空部位，必须由相关技术工种搭好脚手架，并检查合格，不得在无任何保护措施的情况下进行操作。

3.5.3 检测注意事项

进场检测后，应按检测方案合理安排工作，确保整个检测过程有序进行。

检测过程中至少有 2 人参加，并按要求做好检测记录，记录应使用专用的记录纸，要求记录数据准确、字迹清晰、信息完整，不得追记、涂改，如有笔误，应采用杠改法进行修改。

3.5.4 检测仪器

目前植筋锚固力检测的仪器多为穿心式千斤顶，如图 3.5-2 所示。

① HC-V3 拉拔仪。
② HC-10 拉拔仪。
③ SW-300 锚杆拉拔仪。
④ HC-V1 拉拔仪。

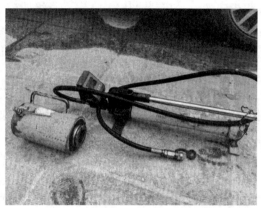

图 3.5-2 穿心式千斤顶

3.5.5 加载方式

常用的检验方法分为非破损检验和破损检验，根据不同的加载方式分为连续加载和分级加载，同时根据相关要求和相关规范对其植筋锚固力进行检验。

检验中的拉拔力大小要求根据设计或者设计说明确定，若设计未提供要求，按相关规定进行取值。

根据《建筑结构加固工程施工质量验收规范》GB 50550—2010 附录 W.4，植筋拉拔承载力的加荷制度分为连续加荷和分级加荷两种，可根据实际条件进行选用，但应符合下列规定：

（1）非破损检验

① 连续加荷制度

应以均匀速率在 2～3min 时间内加荷至设定的检验荷载，并在该荷载下持荷 2min。

② 分级加荷制度

应将设定的检验荷载均分为 10 级，每级持荷 1min 至加荷达到设定的检验荷载，且持荷 2min。

③ 非破损检验的荷载检验值应符合规定：对植筋，应取 $1.15N_t$ 作为检验荷载。

（2）破坏性检验

① 连续加荷制度

对植筋应以均匀速率控制在 2～7min 时间内加荷至锚固破坏。

② 分级加荷制度

应按预估的破坏荷载值 N_u 作如下划分：前 8 级，每级 $0.1N_u$，且每级持荷 1～1.5min；自第 9 级起，每级 $0.05N_u$，且每级持荷 30s，直至锚固破坏。

《混凝土结构后锚固技术规程》JGJ 145—2013 附录 C.4 条，植筋拉拔承载力的加荷制度分为连续加荷和分级加荷两种，可根据实际条件进行选用，但应符合下列规定：

（1）非破损检验

① 连续加荷

应以均匀速率在 2～3min 时间内加荷至设定的检验荷载，并在该荷载下持荷 2min。

② 分级加荷制度

应将设定的检验荷载均分为 10 级，每级持荷 1min 至设定的检验荷载，且持荷 2min。

③ 荷载试验荷载值应取 $\min(0.9f_{yk}A_s, 0.8N_{Rk,*})$。$N_{Rk,*}$ 为非钢材破坏承载力标准值，可按《混凝土结构后锚固技术规程》JGJ 145—2013 第 6 章有关规定计算。

（2）破坏性检验

① 连续加荷制度

对植筋应以均匀速率控制在 2～7min 时间内加荷至锚固破坏。

② 分级加荷制度

应按预估的破坏荷载值 N_u 做如下划分：前 8 级，每级 $0.1N_u$，且每级持荷 1～1.5min；自第 9 级起，每级 $0.05N_u$，且每级持荷 30s，直至锚固破坏。

根据广东省标准《混凝土后锚固件抗拔和抗剪性能检测技术标准》DBJ/T 15—35—2023 第 5.1 条，检验锚固拉拔承载力的加载方式可为连续加载或分级加载，可根据实际条件选用，拉拔承载力的检验加载方法为：

（1）进行非破损检验时，施加荷载应符合下列规定：

① 连续加载时，应以均匀速率在 2～3min 时间内加载至设定的检验荷载，并持荷 2min。

② 分级加载时，应将设定的检验荷载均分为 10 级，每级持荷 1min，直至设定的检验荷载，并持荷 2min。

③ 荷载检验值应符合广东省标准《混凝土后锚固件抗拔和抗剪性能检测技术标准》DBJ/T 15—35—2023 第 3.3.5 条规定。

（2）破坏性检验时，施加荷载应符合下列规定：

① 连续加载时，对锚栓应以均匀速率在 2～3min 时间内加载至锚固破坏，对植筋应以均匀速率在 2～7min 时间内加载至锚固破坏。

② 分级加载时，前 8 级，每级荷载增量应取为 $0.1N_u$，且每级持荷 1～1.5min；自第 9 级起，每级荷载增量应取为 $0.05N_u$ 且每级持荷 30s，直至锚固破坏，N_u 为计算的破坏荷载值。

3.5.6 评定标准

检验的评定标准一般分为单个评定和批评定，根据要求对其进行检测结果评定，一般评定主要为非破坏性评定，各规范的评定标准如下。

根据《建筑结构加固工程施工质量验收规范》GB 50550—2010 附录 W.5.1 非破损检验的评定，应根据所抽取的锚固试样在持荷期间的宏观状态，按下列规定进行评定：

（1）当试样在持荷期间锚固件无滑移、基材混凝土无裂纹或其他局部损坏迹象出现，且施荷装置的荷载示值在 2min 内无下降或下降幅度不超过 5%的检验荷载时，应评定其锚固质量合格。

（2）当一个检验批所抽取的试样全数合格时，应评定该批为合格批。

（3）当一个检验批所抽取的试样中仅有 5%或 5%以下不合格（不足一根，按一根计）时，应另抽 3 根试样进行破坏性检验。若检验结果全数合格，该检验批仍可评为合格批。

（4）当一个检验批抽取的试样中不止 5%（不足一根，按一根计）不合格时，应评定该批为不合格批，且不得重做任何检验。

根据《混凝土结构后锚固技术规程》JGJ 145—2013 附录 C.5 条非破损检验的评定，应根据所抽取的锚固试样在持荷期间的宏观状态，按下列规定进行评定：

（1）当试样在持荷期间锚固件无滑移、基材混凝土无裂纹或其他局部损坏迹象出现，且施荷装置的荷载示值在 2min 内无下降或下降幅度不超过 5%的检验荷载时，应评定其锚固质量合格。

（2）当一个检验批所抽取的试样全数合格时，应评定该批为合格批。

（3）当一个检验批所抽取的试样中不超过 5%时，应另抽 3 根试样进行破坏性检验。若检验结果全数合格，该检验批仍可评为合格批。

（4）当一个检验批抽取的试样中超过 5%不合格时，应评定该批为不合格批，且不得重做任何检验。

根据《砌体结构工程施工质量验收规范》GB 50203—2011 第 9.2 条，钢筋拉拔试验的轴向受拉非破坏承载力检验值应为 6.0kN。检验值作用下应基材无裂缝、钢筋无滑移宏观裂损现象。

根据广东省标准《混凝土后锚固件抗拔和抗剪性能检测技术标准》DBJ/T 15—35—2023 第 6.2.1 条非破损检验的评定，应根据所抽取的锚固试样在持荷期间的宏观状态，按下列规定进行评定：

（1）试样在持荷期间，锚固件无滑移、基材混凝土无裂纹或其他局部损坏迹象出现，且加载装置的荷载示值在 2min 内无下降或下降幅度不超过 5%的检验荷载时，应评定为合格。

（2）一个检验批所抽取的试样全部合格时，该检验批应评定为合格检验批。

（3）一个检验批中不合格的试样不超过 5%时，应另抽 3 根试样进行破坏性检验，若检验结果全部合格，该检验批仍可评定为合格检验批。

（4）一个检验批中不合格的试样超过 5%时，该检验批应评定为不合格，且不应重做检验。

3.6　数据处理

现场检测后的数据整理、数据处理、数据分析过程需保证真实性。所以，为确保工作质量，检测数据处理应按如下程序进行：

（1）现场检测结果与设计图纸不符时，应以检测结果为准。

（2）数据整理，应与原始记录保持一致，并留存原始记录，严防缺失或丢失状况的发生。

（3）对整理后输入计算表格、计算程序或电子文档应确保准确无误。

3.7 检测报告

检测报告主要内容：

（1）委托单位名称。

（2）设计单位、施工单位及监理单位名称。

（3）概况：包括工程名称、结构类型、施工及竣工日期和施工现状等。

（4）检测原因、检测目的，以往检测情况概述。

（5）检测方法、检测仪器设备及依据的标准。

（6）检测项目的抽样方案及数据、检测数据和汇总。

（7）检测结果、检测结论。

（8）检测日期，报告完成日期。

（9）检测人员、报告编写、校核人员、审核人员和批准人员的签名，检测单位盖章。

检测报告应采用文字、图表等方法，检测报告应做到结论正确，用词规范、文字简练。检测报告应对所检项目做出是否符合设计要求或相应验收规范的评定，为后续使用或验收提供可靠的依据。

3.8 检测案例分析

某项目植筋静力抗拔检测报告。

（1）概述

某项目位于广州市白云区，该项目建于 2023 年 1 月，目前主体结构暂未完工。该项目植筋采用化学胶植法施工锚固钢筋，为了解该项目植筋的拉拔力是否满足设计要求，对该工程植筋进行了抗拔力检测。

（2）检测目的

检测现场所施工的植筋抗拔力是否达到委托检测要求。

（3）检测依据

①《混凝土结构后锚固技术规程》JGJ 145—2013。

② 委托方提供的相关图纸及设计文件。

（4）检测方法

加载方法：本次检测采用连续加载法。

荷载值与加载要求：根据《混凝土结构后锚固技术规程》JGJ 145—2013，本次检测的 $\phi14$、$\phi16$ 植筋最大荷载值取 $0.9f_{yk}A_s$，即分别为 55.39kN、72.35kN；连续加载时，应以均匀速率在 2～3min 时间内加载至最大检验荷载，并持荷 2min。

（5）仪器设备

① 本次检测所使用的仪器均经广东省计量科学研究院检定合格及校准，并在有效期内。

② HC-V10 拉拔仪。

（6）检测数据

根据委托单位提供的资料，本次检测的 $\phi14$、$\phi16$ 植筋总数量分别约为 623 根、330 根，依据《混凝土结构后锚固技术规程》JGJ 145—2013 附录 C 第 C.2.3 条规定：对一般结构构件，应取每一检验批植筋总数的 1%且不少于 3 件进行检验。本次 $\phi14$、$\phi16$ 植筋检验批分别抽取 7 根、4 根进行检验。本次检测的 1～7 号植筋规格为 $\phi14$，单根植筋的抗拔力最大检测荷载为 55.39kN；8～11 号植筋规格为 $\phi16$，单根植筋的抗拔力最大检测荷载为 72.35kN。

依照检测记录，1～11 号植筋在最大抗拔力检测荷载作用下检测结果汇总见表 3.8-1。

检测结果汇总表 表 3.8-1

编号	植筋型号	最大检测荷载/kN	在加载过程中检测荷载作用下						构件位置
			滑移		荷载下降超过5%		局部裂纹、破坏		
			有	无	有	无	有	无	
1	HRB400E $\phi14$	55.39		√		√		√	二层梁 1-3～1-4 × 1-C
2	HRB400E $\phi14$	55.39		√		√		√	二层梁 1-3～1-4 × 1-B
3	HRB400E $\phi14$	55.39		√		√		√	二层梁 1-5～1-6 × 1-B
4	HRB400E $\phi14$	55.39		√		√		√	三层梁 1-4 × 1-A～1-B
5	HRB400E $\phi14$	55.39		√		√		√	二层梁 1-3～1-4 × 1-C
6	HRB400E $\phi14$	55.39		√		√		√	六层梁 1-5～1-6 × 1-C
7	HRB400E $\phi14$	55.39		√		√		√	七层梁 1-2 × 1-B～1-C
8	HRB400E $\phi16$	72.35		√		√		√	三层梁 1-5 × 1-A～1-B
9	HRB400E $\phi16$	72.35		√		√		√	四层梁 1-6 × 1-C～1-D
10	HRB400E $\phi16$	72.35		√		√		√	四层梁 1-6 × 1-C～1-D
11	HRB400E $\phi16$	72.35		√		√		√	五层梁 1-4～1-5 × 1-B

从表 3.8-1 可以看出，1～11 号植筋在最大检测荷载作用下，无滑移、基材混凝土无裂纹或其他局部损坏迹象出现，且加载装置的荷载示值在 2min 内无下降或下降幅度不超过5%的检验荷载，该 11 根植筋抗拔的检测结果均满足委托检测要求。

（7）结论

由本次检测数据分析可知，7 根 HRB400E$\phi14$ 和 4 根 HRB400E$\phi16$ 植筋在最大检测荷载作用下，均无滑移、基材混凝土无裂纹或其他局部损坏迹象出现，且加载装置的荷载示值在 2min 内无下降或下降幅度不超过 5%的检验荷载，7 根 HRB400Eϕ14 和 4 根 HRB400Eϕ16 植筋的检测结果均满足委托检测要求。根据《混凝土结构后锚固技术规程》JGJ 145—2013 第 C.5.1 条，该 HRB400Eϕ14 和 HRB400Eϕ16 植筋检验批均评定为合格检验批。

第4章

构件位置和尺寸

4.1 概述

构件位置是指构件的轴线位置、标高、预埋件位置、预留插筋位置及外露长度等，构件尺寸是指构件的长度、厚度、高度等尺寸大小，构件垂直度、平整度。挠度以及平面外变形亦属于构件位置和尺寸的范畴。在砌体结构、钢筋混凝土结构和木结构中，构件尺寸直接关系到结构的承载能力、刚度、稳定性等重要指标。因此，砌体结构、钢筋混凝土结构和木结构的尺寸应当符合国家标准和规范的要求，确保结构的安全可靠。

4.2 构件位置和尺寸的分类

4.2.1 轴线位置

轴线是建筑工程施工图中定位放线的重要依据。为了明确表示建筑物的某一部分的位置并清楚表明局部与整体的关系。将墙、柱、梁、屋架等主要承重构件的中心线处作为定位轴线，并编上轴线号。轴线用点划线表示，端部画有圆圈，圆圈内注明编号，水平方向用阿拉伯数字1、2、3、4、5……由左至右顺次编号，垂直方向用大写的汉语拼音字母A、B、C、D、E、F……由下而上依次编号。水平方向的轴线表示开间尺寸，垂直方向的轴线表示进深尺寸。

4.2.2 标高

标高可分为结构标高和建筑标高两个方面，它们在定义和用途上有所不同。结构标高主要涉及建筑物的结构构件，如梁、板、柱等，而建筑标高则更多地涉及建筑物的使用空间和功能。

结构标高是指建筑物结构构件在垂直方向上的相对位置。在施工图中，结构标高用相对标高（相对于建筑物的底层地面标高）表示。结构标高的起点通常为建筑物外边缘，也就是从建筑物外地面到建筑物第一道结构构件（如基础顶面）的高度。结构标高主要用来确定结构构件的大小、形状和位置，以及它们之间的相对关系。

建筑标高则是指建筑物各层地面、楼面、屋面等在垂直方向上的相对位置。建筑标高的起点通常也是建筑物外地面，也就是从建筑物外地面到建筑物各层地面的高度。建筑标高主要用来确定建筑物各层的使用空间和功能布局，以及它们之间的相对关系。

4.2.3 截面尺寸

构件的尺寸可按不同的要求进行分类：

（1）按照功能分类。根据构件在结构体系中所承担的功能，可将其分类为主体构件、非主体构件、次要构件等。其中，主体构件包括柱、梁、板、墙等，一般是承担主要荷载的构件；非主体构件包括楼梯、平台、栏杆等，主要是为了便于使用和美观等要求而设置的构件；次要构件包括隔墙、装饰构件等，其作用相对较小。

（2）按照承载类型分类。根据构件所承载的荷载类型，可将其分类为受弯构件、受剪构件、受压构件、受拉构件等。其中，受弯构件包括梁、板等，主要是承担弯曲荷载；受剪构件包括剪力墙、板等，主要是承担剪力荷载；受压构件包括柱、墙等，主要是承担压力荷载；受拉构件包括索杆、斜杆等，主要是承担拉力荷载。

4.2.4 预埋件

预埋件在每一个建筑施工中都较为常见，是一种隐秘的构件，同时对于外部结构的搭建又是基础的和必需的。预埋件是预先安装在隐蔽工程内的构件，需在结构浇筑时安置的配件，用于砌筑上部结构时的搭接，以利于外部工程设备基础的安装固定；预埋件大多由金属制造，例如钢筋或者铸铁，也可用木头，塑料等非金属刚性材料，常见的是设备预留螺栓。

4.2.5 预留插筋

预留插筋是在混凝土施工中埋入混凝土中并且外露一定长度的钢筋。在施工过程中，混凝土分部分次浇筑，经常预留插筋的部位有：柱子插筋、墙板插筋、基础插筋和楼梯插筋，插筋的留设必须满足相关设计和规范要求。

4.2.6 垂直度

混凝土施工中的垂直度是指混凝土构件在竖直方向上的偏差程度，是衡量施工质量的重要指标之一。垂直度标准不仅影响建筑物的美观度和稳定性，还关系到建筑物的使用寿命和安全性。

4.2.7 平整度

混凝土表面平整度是指其表面的光滑、平整程度。混凝土表面的平整度对于建筑结构的稳定性和美观度都有重要的影响。

4.2.8 构件挠度

构件的挠度是指在横向力作用下构件发生弯曲变形产生的位移量。挠度是构件强度和刚度的重要指标之一，可以直接影响到构件的使用寿命和安全性。挠度大小受多种因素影响，如构件的长度、截面形状、受力方式、弯曲刚度等。通常情况下，构件长度越长、截面形状越细长，挠度就越大；受力方式越不均匀，挠度就越大。弯曲刚度则是影响挠度大小的重要参数。

4.3 检测依据与数量

4.3.1 检测依据

目前钢筋混凝土结构构件的位置和尺寸检测依据的规范标准主要有：

（1）《砌体结构工程施工质量验收规范》GB 50203—2011。

（2）《混凝土结构工程施工质量验收规范》GB 50204—2015。

（3）《木结构现场检测技术标准》JGJ/T 488—2020。

（4）《木结构工程施工质量验收规范》GB 50206—2012。

（5）《装配式混凝土结构技术规程》JGJ 1—2014。

4.3.2 检测数量

根据《砌体结构工程施工质量验收规范》GB 50203—2011，砌体结构的构件位置和尺寸的检测数量如表 4.3-1～表 4.3-4 所示。

砖砌体尺寸、位置的检验　　　　　　　　　表 4.3-1

序号	工况描述			抽检数量
1	轴线位移			承重墙、柱全数检查
2	基础、墙、柱顶面标高			不应少于 5 处
3	墙面垂直度	每层		不应少于 5 处
		全高	≤10m	外墙全部阳角
			>10m	
4	表面平整度	清水墙、柱		不应少于 5 处
		混水墙、柱		
5	水平灰缝平直度	清水墙		不应少于 5 处
		混水墙		
6	门窗洞口高、宽（后塞口）			不应少于 5 处
7	外墙上下窗口偏移			不应少于 5 处
8	清水墙游丁走缝			不应少于 5 处

石砌体尺寸、位置的检验　　　　　　　　　表 4.3-2

序号	工况描述		抽检数量
1	轴线位移		
2	基础与墙砌体顶面标高		
3	砌体厚度		每检验批抽查不应少于 5 处
4	墙面垂直度	每层	
		全高	

续表

序号	工况描述		抽检数量
5	表面平整度	清水墙、柱	每检验批抽查不应少于5处
		混水墙、柱	
6	清水墙水平灰缝平直度		

构造柱一般尺寸的检验 表 4.3-3

序号	工况描述			抽检数量
1	中心线位置			每检验批抽查不应少于5处
2	层间错位			
3	墙面垂直度	每层		
		全高	≤10m	
			>10m	

填充墙砌体尺寸、位置的检验 表 4.3-4

序号	工况描述		抽检数量
1	轴线位移		每检验批抽查不应少于5处
2	垂直度（每层）	≤3m	
		>3m	
3	表面平整度		
4	门窗洞口高、宽（后塞口）		
5	外墙上、下窗口偏移		

　　根据《混凝土结构工程施工质量验收规范》GB 50204—2015，混凝土结构的构件位置和尺寸的检测数量如表 4.3-5 和表 4.3-6 所示。

国家标准检测数量要求 表 4.3-5

序号	工况描述			检测数量
1	主控项目			全数检查
2	一般项目（同一检验批）	梁、柱和独立基础		应抽查构件数量的10%且不少于3件
		墙、板		应按有代表性的自然间抽查10%且不应少于3间
		大空间结构	墙	按相邻轴线间高度5m左右划分检查面抽查10%且不应少于3面
			板	板按纵、横轴线划分检查面抽查10%且不应少于3面
		电梯井		全数检查
3	现浇设备基础			全数检查
4	装配式结构分项工程			同一类型的构件，不超过100件为一批，每批应抽查构件数量的5%，且不应少于3件

国家标准检测数量要求　　表 4.3-6

序号	工况描述	检测数量
1	梁、柱	应抽取构件数量的 1%，且不应少于 3 个构件
2	墙、板	应按有代表性的自然间抽取 1%，且不应少于 3 间
3	层高	应按有代表性的自然间抽查 1%，且不应少于 3 间

根据《木结构工程施工质量验收规范》GB 50206—2012，木结构的构件位置和尺寸的检测数量如表 4.3-7 所示。

国家标准检测数量要求　　表 4.3-7

序号	工况描述	检测数量
1	方木与原木结构	全数检查
2	胶合木结构	
3	轻型木结构	

构件挠度检测时宜对受检范围内存在挠度变形的构件进行全数检测，当不具备全数检测条件时，可根据约定抽样原则选择下列构件进行检测：

（1）重要的构件。

（2）跨度较大的构件。

（3）外观质量差或损伤严重的构件。

（4）变形较大的构件。

4.4　检测前准备工作

检测前需做好进场准备工作，应逐一检查以下条件是否满足进场检测要求：

（1）收集被检构件资料：层高、梁柱截面尺寸、板厚度、轴网等设计施工资料。

（2）检测方案完整且上传监管系统（如需）。

（3）与现场相关人员沟通进场时间。

（4）拟进场检测人员在检测监管系统登记备案（如需）。

（5）在检测监管系统登记进场时间和检测内容（如需）。

（6）检测人员具备相应的合格上岗证（如需）。

（7）仪器设备正常运行且电量充足。

（8）仪器设备在正常检定或校准有效期内。

4.5　现场检测操作

根据《砌体结构工程施工质量验收规范》GB 50203—2011，砌体结构的构件位置和尺寸的检测方法如表 4.5-1～表 4.5-4 所示。

砖砌体尺寸、位置的检验方法　　　　　　　表 4.5-1

序号	工况描述			检验方法
1	轴线位移			用经纬仪和尺或用其他测量仪器检查
2	基础、墙、柱顶面标高			用水准仪和尺检查
3	墙面垂直度	每层		用 2m 托线板检查
		全高	≤10m	用经纬仪、吊线和尺检查或用其他测量仪器检查
			>10m	
4	表面平整度	清水墙、柱		用 2m 靠尺和楔形塞尺检查
		混水墙、柱		
5	水平灰缝平直度	清水墙		拉 5m 线和尺检查
		混水墙		
6	门窗洞口高、宽（后塞口）			用尺检查
7	外墙上下窗口偏移			以底层窗口为准，用经纬仪或吊线检查
8	清水墙游丁走缝			以每层第一皮砖为准，吊线和尺检查

石砌体尺寸、位置的检验方法　　　　　　　表 4.5-2

序号	工况描述		检验方法
1	轴线位移		用经纬仪和尺检查，或用其他测量仪器检查
2	基础与墙砌体顶面标高		用水准仪和尺检查
3	砌体厚度		用尺检查
4	墙面垂直度	每层	用经纬仪、吊线和尺检查或用其他测量仪器检查
		全高	
5	表面平整度	清水墙、柱	细料石用 2m 靠尺和楔形塞尺检查，其他用两直尺垂直于灰缝拉 2m 线和尺检查
		混水墙、柱	
6	清水墙水平灰缝平直度		拉 10m 线和尺检查

构造柱一般尺寸的检验方法　　　　　　　表 4.5-3

序号	工况描述			检验方法
1	中心线位置			用经纬仪和尺检查，或用其他测量仪器检查
2	层间错位			用经纬仪和尺检查，或用其他测量仪器检查
3	墙面垂直度	每层		用 2m 托线板检查
		全高	≤10m	用经纬仪、吊线和尺检查或用其他测量仪器检查
			>10m	

填充墙砌体尺寸、位置的检验方法　　　　　　　表 4.5-4

序号	工况描述	检验方法
1	轴线位移	用尺检查

序号	工况描述		检验方法
2	垂直度（每层）	≤3m	用 2m 托线板或吊线、尺检查
		>3m	
3	表面平整度		用 2m 靠尺和楔形尺检查
4	门窗洞口高、宽（后塞口）		用尺检查
5	外墙上、下窗口偏移		用经纬仪或吊线检查

构件位置与尺寸现场检测应参考《混凝土结构现场检测技术标准》GB/T 50784—2013、《混凝土结构工程施工质量验收规范》GB 50204—2015 等内容实施，并填写构件位置和尺寸原始记录表。

根据《混凝土结构现场检测技术标准》GB/T 50784—2013，构件尺寸偏差与变形检测的一般规定，构件尺寸偏差检测分为截面尺寸及偏差检测项目。检测构件尺寸偏差时，应采取措施消除构件表面抹灰层、装修层等造成的影响。构件截面尺寸机器偏差检测分为单个构件截面尺寸及其偏差的检测、批量构件截面尺寸及其偏差的检测和结构性能检测时检验批构件截面尺寸的推定三部分。

单个构件截面尺寸及其偏差的检测应符合下列规定：①对于等截面构件和截面尺寸均匀变化的变截面构件，应分别在构件的中部和两端量取截面尺寸；对于其他变截面构件，应选取构件端部、截面突变的位置量取截面尺寸；②应将每个测点的尺寸实测值与设计图纸规定的尺寸进行比较，计算每个测点的尺寸偏差值；③应将构件尺寸实测值作为该构件截面尺寸的代表值。

批量构件截面尺寸及其偏差的检测应符合下列规定：①将同一楼层、结构缝或施工段中设计截面尺寸相同的同类型构件划分为同一检验批；②在检验批中随机选取构件，受检构件的数量按照表 4.5-5 的规定确定；③按照单个构件截面尺寸及其偏差的检测对每个受检构件进行检测。

检验批最小样本容量　　　　　　　　　　　　　　　表 4.5-5

检验批的容量	检测类别和最小样本容量		
	A	B	C
2~8	2	2	3
9~15	2	3	5
16~25	3	5	8
26~50	5	8	13
51~90	5	13	20
91~150	8	20	32
151~280	13	32	50
281~500	20	50	80

检验批的容量	检测类别和最小样本容量		
	A	B	C
501～1200	32	80	125

注：1. 检测类别 A 适用于施工质量的检测，检测类别 B 适用于结构质量或性能的检测，检测类别 C 适用于结构质量或性能的严格检测或复检；
　　2. 无特别说明时，样本单位为构件。

结构性能检测时，检验批构件截面尺寸的推定应符合下列规定：①检测的对象为主控项目时按表 4.5-6 的规定确定；检测对象为一般项目时按表 4.5-7 的规定确定；②当检验批判定为符合且受检构件的尺寸偏差最大值不大于偏差允许值 1.5 倍时，可取设计的截面尺寸作为该批构件截面尺寸的推定值；③当检验批判定为不符合或检验批判定为符合但受检构件的尺寸偏差最大值大于偏差允许值 1.5 倍时，宜全数检测或重新划分检验批进行检测；④当不具备全数检测或重新划分检验批检测条件时，宜以最不利检测值作为该批构件尺寸的推定值。

主控项目的判定　　　　　　　　　　　　　　表 4.5-6

样本容量	合格判定数	不合格判定数
2～5	0	1
8～13	1	2
20	2	3
32	3	4
50	5	6
80	7	8
125	10	11

一般项目的判定　　　　　　　　　　　　　　表 4.5-7

样本容量	合格判定数	不合格判定数
2～5	1	2
8	2	3
13	3	4
20	5	6
32	7	8
50	10	11
80	14	15
125	21	22

根据《混凝土结构工程施工质量验收规范》GB 50204—2015，对选定的构件，检验项目及检验方法应符合表 4.5-8 的规定。

项目	检验方法
柱截面尺寸	选取柱的一边量测柱中部、下部及其他部位，取 3 点平均值
柱垂直度	沿两个方向分别量测，取较大值
墙厚	墙身中部量测 3 点，取平均值；测点间距不应小于 1m
梁高	量测一侧边跨中及两个距离支座 0.1m 处，取 3 点平均值；量测值可取腹板高度加上此处楼板的实测厚度
板厚	悬挑板取支座 0.1m 处，沿宽度方向取包括中心位置在内的随机 3 点取平均值；其他楼板，在同一对角线上量测中间及距离两端各 0.1m 处，取 3 点平均值
层高	与板厚测点相同，量测板顶至上层楼板板底净高，层高量测值为净高与板厚之和，取 3 点平均值

结构实体位置与尺寸检验方法　　　　表 4.5-8

构件挠度检测应符合下列规定：

（1）构件挠度可采用水准仪或拉线的方法进行检测。

（2）检测时宜消除施工偏差或截面尺寸变化造成的影响。

（3）检测时应提供跨中最大挠度值和受检构件的计算跨度值。当需要得到受检构件挠度曲线时，应沿跨度方向等间距布置不少于 5 个测点。

当需要确定受检构件荷载-挠度变化曲线时，宜采用百分表、挠度计、位移传感器等设备直接测量挠度值。

（4）相关的原始记录表格名称、编号见附录 C.1～C.3。

① 构件尺寸检测原始记录　　　检-JL-J-GG03。

② 结构层高检测原始记录　　　检-JL-J-GG04。

③ 构件垂直度检测原始记录　　检-JL-J-GG06。

4.6　允许偏差

根据《砌体结构工程施工质量验收规范》GB 50203—2011，砌体结构的构件位置和尺寸的允许偏差如表 4.6-1～表 4.6-4 所示。

砖砌体尺寸、位置的允许偏差　　　　表 4.6-1

项目			允许偏差/mm
轴线位移			10
基础、墙、柱顶面标高			±15
墙面垂直度	每层		5
	全高	≤10m	10
		>10m	20
表面平整度	清水墙、柱		5
	混水墙、柱		8
水平灰缝平直度	清水墙		7
	混水墙		10

项目	允许偏差/mm
门窗洞口高、宽（后塞口）	±10
外墙上下窗口偏移	20
清水墙游丁走缝	20

砌体尺寸、位置的允许偏差 表 4.6-2

项目	允许偏差/mm						
	毛石砌体		料石砌体				
			毛料石		粗料石		细料石
	基础	墙	基础	墙	基础	墙	墙、柱
轴线位移	20	15	20	15	15	10	10
基础与墙砌体顶面标高	±25	±15	±25	±15	±15	±15	±10
砌体厚度	+30	+20 −10	+30	+20 −10	+15	+10 −5	+10 −5
墙面垂直度 每层	—	20	—	20	—	10	7
墙面垂直度 全高	—	30	—	30	—	25	10
表面平整度 清水墙、柱	—	—	—	20	—	10	5
表面平整度 混水墙、柱	—	—	—	20	—	15	—
清水墙水平灰缝平直度	—	—	—	—	—	—	5

构造柱一般尺寸的允许偏差 表 4.6-3

项目			允许偏差/mm
中心线位置			10
层间错位			8
墙面垂直度	每层		10
墙面垂直度	全高	≤10m	15
墙面垂直度	全高	>10m	20

填充墙砌体尺寸、位置的允许偏差 表 4.6-4

项目		允许偏差/mm
轴线位移		10
垂直度（每层）	≤3m	5
垂直度（每层）	>3m	10
表面平整度		8
门窗洞口高、宽（后塞口）		±10
外墙上、下窗口偏移		20

　　根据《混凝土结构工程施工质量验收规范》GB 50204—2015，针对现浇结构分项工程的主控项目的要求为：现浇结构不应有影响结构性能或使用功能的尺寸偏差。混凝土设备基础不应有影响结构性能和设备安装的尺寸偏差。对超过尺寸允许偏差且影响结构性能和安装、使用功能的部位，应有施工单位提出技术处理方案，经监理、设计单位认可后进行处理，对经处理的部位应重新验收。

　　现浇结构分项工程的一般项目的位置和尺寸偏差应符合表 4.6-5 的规定。

现浇结构位置、尺寸允许偏差　　　　　　　　　　　　　表 4.6-5

项目			允许偏差/mm
轴线位置	整体基础		15
	独立基础		10
	柱、墙、梁		8
垂直度	柱、墙层高	≤6m	10
		>6m	12
	全高 ≤300m		$H/30000+20$
	全高 >300m		$H/10000$ 且 ≤80
标高	层高		±10
	全高		±30
截面尺寸	基础		+15，−10
	柱、梁、板、墙		+10，−5
	楼梯相邻跨步高差		±6
电梯开洞	中心位置		10
	长、宽尺寸		+25，0
表面平整度			8
预埋件中心位置	预埋板		10
	预埋螺栓		5
	预埋管		5
	其他		10
预留洞、孔中心线位置			15

　　注：1. 检查轴向、中心线位置时，沿纵、横两个方向测量，并取其中偏差的较大值；
　　　　2. H 为全高，单位为 mm。

　　现浇设备基础的位置和尺寸应符合设计和设备安装的要求，其位置和尺寸偏差应符合表 4.6-6 的规定。

现浇设备基础位置和尺寸允许偏差　　　　　　　　　　　表 4.6-6

项目	允许偏差/mm
坐标位置	20
不同平面标高	0，−20

续表

项目		允许偏差/mm
平面外形尺寸		±20
凸台上平面外形尺寸		0, −20
凹槽尺寸		+20, 0
平面水平度	每米	5
	全长	10
垂直度	每米	5
	全高	10
预埋地脚螺栓	中心位置	2
	顶标高	+20, 0
	中心距	±2
	垂直度	5
预埋地脚螺栓孔	中心线位置	10
	截面尺寸	+20, 0
	深度	+20, 0
	垂直度	$h/100$ 且 $\leqslant 10$
预埋活动地脚螺栓锚板	中心线位置	5
	标高	+20, 0
	带槽锚板平整度	5
	带螺纹孔锚板平整度	2

注：1. 检查坐标、中心线位置时，应沿纵、横两个方向测量，并取其中偏差的较大值；
　　2. h 为预埋地脚螺栓孔孔深，单位为 mm。

对于装配式结构分项工程的尺寸偏差的一般项目，预制构件的尺寸偏差及检验方法应符合表 4.6-7 的规定；设计有专门规定时，尚应符合设计要求。施工过程中临时使用的预埋件，其中心线位置允许偏差可取表 4.6-7 中规定数值的 2 倍。

预制构件尺寸的允许偏差 表 4.6-7

项目		允许偏差/mm
长度	楼板、梁、柱、桁架　< 12m	±5
	楼板、梁、柱、桁架　≥ 12m 且 < 18m	±10
	楼板、梁、柱、桁架　≥ 18m	±20
	墙板	±4
宽度、高（厚）度	楼板、梁、柱、桁架	±5
	墙板	±4
表面平整度	楼板、梁、柱、墙板内表面	8
	墙板外表面	6

续表

项目		允许偏差/mm
侧向弯曲	楼板、梁、柱	$l/750$ 且 $\leqslant 20$
	墙板、桁架	$l/1000$ 且 $\leqslant 20$
翘曲	楼板	$l/750$
	墙板	$l/1000$
对角线	楼板	10
	墙板	5
预留孔	中心线位置	5
	孔尺寸	±5
预留洞	中心线位置	10
	洞口尺寸、深度	±10
预留件	预埋板中心线位置	5
	预埋板与混凝土面平面高差	0，−5
	预埋螺栓	2
	预埋螺栓外漏长度	+10，−5
	预埋套筒、螺母中心线位置	2
	预埋套筒、螺母与混凝土面平面高差	±5
预留插筋	中心线位置	5
	外漏长度	+10，−5
键槽	中心线位置	5
	长度、宽度	±5
	深度	±10

注：1. l 为构件长度，单位为 mm；
　　2. 检查中心线、螺栓和孔道位置偏差时，沿纵、横两个方向量测，并取其中偏差较大值。

结构实体位置与尺寸偏差项目应分别验收，并应符合下列规定：

（1）当检验项目的合格率为 80% 及以上时，可判为合格。

（2）当检验项目的合格率小于 80% 但不小于 70% 时，可再抽取相同数量的构件进行检验；当按两次抽样总和计算的合格率为 80% 及以上时，仍可判为合格。

4.7　检测案例分析

某房屋结构类型为框架结构，其中某钢筋混凝土净高 2.8m，截面尺寸设计值为 300mm × 300mm。该钢筋混凝土柱的截面尺寸现场检测如图 4.7-1 所示，使用钢卷尺分别测量柱的上、中、下三个部位的值，并取三个值的平均值作为该钢筋混凝土柱的实测值。

(a) 柱上部测量   (b) 柱中部测量   (c) 柱下部测量

图 4.7-1　柱的截面尺寸现场检测

第5章

外观质量及内部缺陷

5.1 概述

混凝土质量缺陷是指因施工管理不善或受使用环境及自然灾害的影响，其内部存在的不密实或空洞，外部形成的蜂窝麻面、裂缝或损伤层等。这些缺陷会严重影响结构的承载力和耐久性，采用有效方法查明混凝土缺陷的性质、范围及尺寸，以便进行技术处理，是工程建设中重要课题。建筑混凝土构件缺陷检测分为外观质量缺陷检测和内部缺陷检测，本章将分别介绍这两种检测的内容与方法。

5.2 外观质量缺陷检测

5.2.1 混凝土结构外观质量缺陷分类

1. 露筋

露筋是指混凝土内部主筋或箍筋局部裸露在结构构件表面，产生露筋的原因是：钢筋保护层垫块过少、漏放或振捣时产生位移，使钢筋紧贴模板；结构构件截面小、钢筋过密、石子卡在钢筋上，使水泥浆不能充满钢筋周围；混凝土配合比不当，产生离析，靠模板部位缺浆或漏浆；混凝土保护层太小或保护层处混凝土漏振或振捣不实；木模板未浇水润湿，吸水粘结或拆模过早导致缺棱、掉角，进而露筋。

2. 蜂窝

蜂窝是指结构构件表面混凝土由于砂浆少、石子多，局部出现酥松，石子之间出现孔隙类似蜂窝状的孔洞。造成蜂窝的主要原因包括：材料计量不准确，造成混凝土配合比不当；混凝土搅拌时间不够、未拌合均匀、和易性差、振捣不密实、漏振或振捣时间不够；下料不当或下料过高，未设串筒使石子集中，使混凝土产生离析等。

3. 孔洞

孔洞是指混凝土结构内部有尺寸较大的空隙，局部没有混凝土或蜂窝特别大，钢筋局部或全部裸露。产生孔洞的原因包括：混凝土严重离析、砂浆分离、石子成堆、严重跑浆，又未进行振捣；混凝土一次下料过多、过厚、下料过高，振动器振动不到，形成松散孔洞；在钢筋较密的部位，混凝土下料受阻，或混凝土内掉入工具、木块、泥块、冰块等杂物，使混凝土的流动受阻。

4. 裂缝

结构构件在施工过程中由于各种原因在结构构件上产生纵向的、横向的、斜向的、竖向的、水平的、表面的、深进的或贯穿的各类裂缝。裂缝的深度、部位和走向随产生的原因而异，裂缝宽度、深度和长度不一，无规律性，部分裂缝会在温度、湿度变化的影响下闭合或扩大。

5.2.2 检测依据与数量

目前，建筑混凝土构件外观质量缺陷检测主要参照现行国家标准《混凝土结构工程施工质量验收规范》GB 50204 及《混凝土结构现场检测技术标准》GB/T 50784 的相关规定执行。现场检测时，宜对受检范围内构件外观质量缺陷进行全数检测；当不具备全数检查条件时，应注明未检查构件的区域。

5.2.3 检测方法

建筑混凝土构件外观质量缺陷检测主要以肉眼观察、简单尺量，必要时辅以检查施工处理记录等，通常情况下：

（1）露筋长度可用钢尺或卷尺量测。

（2）孔洞直接可用钢尺量测，孔洞深度可用游标卡尺量测。

（3）蜂窝和疏松的位置和范围可用钢尺或卷尺测量。

（4）麻面、掉皮、起砂的位置和范围可用钢尺或卷尺测量。

（5）表面裂缝的最大宽度可用裂缝测宽仪和刻度放大镜测量，表面裂缝长度可用钢尺或卷尺量测。

混凝土构件外观缺陷应按缺陷类别进行分类汇总，汇总结果可用列表或图示的方式表述并反映外观缺陷在受检范围内的分布特征。

5.3 内部缺陷检测

由于施工现场空间有限、工艺要求较高、振捣困难等原因，混凝土构件内部可能存在胶结不良、孔洞及不密实区，从而影响混凝土结构的受力性能。

对怀疑存在内部缺陷或区域宜进行全数检测，当不具备全数检测条件时，可根据约定抽样原则选择下列构件或部位进行检测：①重要的构件或部位；②外观缺陷严重的构件或部位。

混凝土结构构件内部缺陷不能直接观察判断，工程上通常都是借助特定仪器进行检测，国内常见的检测方法主要有超声法、冲击回波法、雷达扫描法等。混凝土构件内部缺陷宜采用超声法进行双面对测，当仅有一个可测面时，可采用冲击回波法和雷达扫描法进行检测。对于判别有困难的区域应进行钻芯验证或剔凿验证，下面针对超声法进行详细介绍。

5.3.1 检测原理

超声法是利用脉冲波在技术条件相同（指混凝土的原材料、配合比、龄期和测试距离一致）的混凝土中传播的时间或速度、接收波的振幅和频率等声学参数的相对变化，来判定混凝土的缺陷。由于超声脉冲波传播速度的快慢与混凝土的密实程度有直接关系，对于原材料、配合比、龄期及测试距离一定的混凝土来说，声速高则混凝土密实，反之则混凝土不密实。

此外，由于空气的声阻抗率远小于混凝土的声阻抗率，脉冲波在混凝土中传播时，遇到蜂窝、空洞或裂缝等缺陷时会在缺陷界面发生反射和散射，声能衰减，其中频率较高的成分衰减快，因此接收信号的波幅明显降低、频率明显减小或者频率谱中高频成分明显减少。经缺陷反射或绕过缺陷传播的脉冲波信号与直达波信号之间存在声程和相位差，叠加后互相干扰，致使接收信号的波形发生畸变。

根据以上原理，可以利用混凝土声学参数测量值和相对变化综合分析、判别其缺陷的位置和范围，或者估算缺陷的尺寸。

5.3.2　检测依据

（1）《混凝土结构工程施工质量验收规范》GB 50204—2015。
（2）《混凝土结构现场检测技术标准》GB/T 50784—2013。
（3）《超声法检测混凝土缺陷技术规程》T/CECS 21—2024。

5.3.3　超声法检测混凝土内部空洞的基本方法

（1）采用平面对测法进行混凝土内部空洞的检测。平面对测法换能器布置示意图如图 5.3-1 所示。
（2）结构被测部位应具有两对平行表面，在两对平行表面被测部位分别画出网格，并逐点编号。

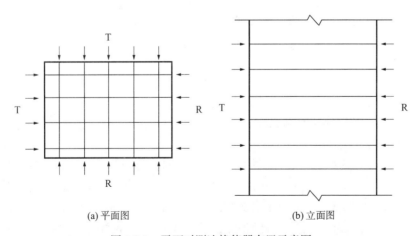

(a) 平面图　　　　　　　　　　　　　(b) 立面图

图 5.3-1　平面对测法换能器布置示意图

（3）表面处理。超声测点处表面必须平整、干净，对于不符合测试条件的需要进行打磨等必要的处理。
（4）分别在两对互相平行的表面上定出相对应测点的位置，可采用一对厚度振动式换能器，然后将 T、R 换能器分别涂上耦合剂后置于对应测点上，逐点读取相应的声时、波幅、频率和测距。

5.3.4 数据处理及判定

由于混凝土本身的不均匀性，即使是没有缺陷的混凝土，测得的声时、波幅等声学参数值也会在一定范围波动。加之混凝土的原材料品种、用量及混凝土的湿度和测距等因素都不同程度地影响着声学参数值。因此，确定一个固定的临界指标作为判断缺陷的标准极为困难，工程中常用统计方法进行判别。

统计学方法的基本思想在于，给定一个置信度（如 0.99 或 0.95），并确定一个相应的置信范围（如 $m_x \pm \lambda_1 \cdot S_x$），凡超过这个范围的观测值，就认为它是由于观测失误或者是被测对象性质改变所造成的异常值。如果在一系列观测值中混有异常值，必然歪曲试验结果，为了能真实地反映被测对象，应剔除测试数据中的异常值。

对于超声测缺技术来讲，通常认为正常混凝土的质量服从正态分布，在测试条件基本一致，且无其他因素影响的条件下，其声速、频率和波幅观测值也基本服从正态分布。在一系列观测数据中，凡属于混凝土本身质量的不均匀性或测试中的随机误差带来的数值波动，都应服从统计规律。在给定的置信范围以内，当某些观测值超过了置信范围，可以判断它属于异常值。

在超声检测中，凡遇读数异常的测点，通常都要检查其表面是否平整、干净或是否存在干扰因素，必要时还需加密测点进行重复测试。因此，不存在观测失误的问题，出现的异常测值，必然是混凝土缺陷所致。这就是利用统计学方法判定混凝土内部存在不密实和空洞的基本思想。

（1）混凝土声学参数的统计计算

混凝土构件的同一测试部位声学参数的平均值和标准差应分别按下式计算：

$$m_x = \frac{1}{n} \sum x_i \tag{5.3-1}$$

$$S_x = \sqrt{(\sum_{i=1}^{n} x_i^2 - nm_x^2)/(n-1)} \tag{5.3-2}$$

式中：m_x、S_x——某一声学参数的平均值和标准差；

$\quad\quad\quad x_i$——第 i 点某一声学参数的测量值；

$\quad\quad\quad n$——参与统计的测点数。

（2）异常值的判别方法

将测区各测点的波幅（A_i）、频率（f_i）或由声时换算成的声速（v_i）按大小顺序排列为 $x_1 \geqslant x_2 \geqslant x_3 \cdots \geqslant x_n \geqslant x_{n+1} \cdots$，视排于后面明显小的数据视为异常值，将异常值中最大的一个连同其前面的数据按式(5.3-1)和式(5.3-2)进行平均值（m_x）和标准差（S_x）的计算。

以 $x_0 = m_x - \lambda_1 S_x$ 为异常值的判断值，当参与统计的异常值的最大值 $x_n < x_0$ 时，则 x_n 及排列于其后的参数值均为异常值。去掉 x_n，再用 $x_1 \sim x_{n-1}$ 进行计算和判断，直至判断不出异常值为止。若 $x_n > x_0$ 则说明 x_n 是正常值，应将 x_{n-1} 重新进行计算和判别，以此类推，直至判别不出异常值为止。其中 λ_1 为异常值判定系数，λ_1 按表 5.3-1 取值。

在某些异常测点附近，可能存在处于缺陷边缘的测点，为了提高缺陷范围判定的准确性，可对异常值相邻点进行判别。按 $x_0 = m_x - \lambda_2 S_x$ 计算异常值的判断值，进一步判别异常值，λ_2 值见表 5.3-1。

（3）混凝土内部空洞尺寸的估算

如图 5.3-2 所示，设检测距离为 l，空洞中心（在一对测试面上声时最长的测点位置）距一个测试面的垂直距离为 l_h，声波在空洞附近无缺陷混凝土中传播的时间平均值为 m_{ta}，绕空洞最大声时值为 t_h，空洞半径为 r，设 $X = (t_h - m_{ta})/m_{ta} \times 100\%$；$Y = l_h/l$；$Z = r/l$。根据表 5.3-2 查得空洞半径 r 与测距 l 的比值 Z，再计算空洞的大致半径 r。

当被测部位只有一对可供测试的表面时，只能按空洞位于测距中心考虑，空洞尺寸可按下式计算：

$$r = \frac{l}{2} \times \sqrt{\left(\frac{t_h}{m_{ta}}\right)^2 - 1} \tag{5.3-3}$$

式中：r——空洞半径（mm）；

　　　l——T、R 换能器之间的距离（mm）；

　　　t_h——缺陷处的最大声时值（μs）；

　　　m_{ta}——无缺陷区的平均声时值（μs）。

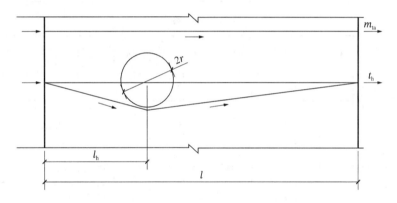

图 5.3-2　空洞尺寸估算模型示意图

统计数的个数 n 与对应的 λ_1、λ_2、λ_3 值　　　　　　　　　　　表 5.3-1

n	20	22	24	26	30	32	34	36	38
λ_1	1.65	1.69	1.73	1.77	1.83	1.86	1.89	1.92	1.94
λ_2	1.25	1.27	1.29	1.31	1.34	1.36	1.37	1.38	1.39
λ_3	1.05	1.07	1.09	1.11	1.14	1.16	1.17	1.18	1.19
n	40	42	44	46	50	52	54	56	58
λ_1	1.96	1.98	2.00	2.02	2.05	2.07	2.09	2.10	2.12
λ_2	1.41	1.42	1.43	1.44	1.46	1.47	1.48	1.49	1.49
λ_3	1.20	1.22	1.23	1.25	1.27	1.28	1.29	1.30	1.31
n	60	62	64	66	70	72	74	76	78
λ_1	2.13	2.14	2.15	2.17	2.19	2.20	2.21	2.22	2.23

续表

λ_2	1.50	1.51	1.52	1.53	1.54	1.55	1.56	1.56	1.57
λ_3	1.31	1.32	1.33	1.34	1.36	1.36	1.37	1.38	1.39
n	80	82	84	86	90	92	94	96	98
λ_1	2.24	2.25	2.26	2.27	2.29	2.30	2.30	2.31	2.31
λ_2	1.58	1.58	1.59	1.60	1.61	1.62	1.62	1.63	1.63
λ_3	1.39	1.40	1.41	1.42	1.43	1.44	1.44	1.45	1.45
n	100	105	110	115	125	130	140	150	160
λ_1	2.32	2.35	2.36	2.38	2.41	2.43	2.45	2.48	2.50
λ_2	1.64	1.65	1.66	1.67	1.69	1.71	1.73	1.75	1.77
λ_3	1.46	1.47	1.48	1.49	1.53	1.54	1.56	1.58	1.59

空洞半径估算表　　　　　　　　　　　　　　　　表 5.3-2

$\frac{Z}{X}$ Y	0.05	0.08	0.10	0.12	0.14	0.16	0.18	0.20	0.22	0.24	0.26	0.28	0.30
0.10（0.90）	1.42	3.77	6.26										
0.15（0.85）	1.00	2.56	4.06	5.97	8.39								
0.20（0.80）	0.78	2.02	3.18	4.62	6.36	8.44	10.9	13.90					
0.25（0.75）	0.67	1.72	2.69	3.90	5.34	7.03	8.98	11.20	13.80	16.80			
0.30（0.70）	0.60	1.53	2.40	3.46	4.73	6.21	7.91	9.38	12.00	14.40	17.10	20.10	23.60
0.35（0.65）	0.55	1.41	2.21	3.19	4.35	5.70	7.25	9.00	10.90	13.10	15.50	18.10	21.00
0.40（0.60）	0.52	1.34	2.09	3.02	4.12	5.39	6.84	8.48	10.30	12.30	14.50	16.90	19.60
0.45（0.55）	0.50	1.30	2.03	2.92	3.99	5.22	6.62	8.20	9.95	11.90	14.00	16.30	18.80
0.50	0.50	1.28	2.00	2.89	3.94	5.16	6.55	8.11	9.84	11.80	13.30	16.10	18.60

（4）现场检测作业时填写原始记录表，如附录 D 所示。

5.4　检测案例分析

混凝土内部缺陷检测受众多因素影响，包括原材料、配合比、龄期及测试距离、实际钢筋、传感器安装等，现结合实测案例进行混凝土内部缺陷检测分析和判定。

某教学楼为钢筋混凝土框架结构，现场对教学楼主体结构五层柱、屋面层梁混凝土构件进行超声法检测，共抽查 1 个五层柱、1 个屋面梁构件（表 5.4-1），测试点位置及现场检测照片如图 5.4-1～图 5.4-4 所示。

混凝土缺陷超声法检测情况表　　　　　　　　　　表 5.4-1

序号	检测部位	混凝土缺陷超声法检测信息			
		测缺面积/m²	测点布置信息		
			测点总数	竖向测线数	横向测线数
1	五层柱 1-15 × 1-R	2.2	75	6	16
2	屋面层梁 2/1-2 × (1-R～1-S)	2.0	26	13	2

图 5.4-1　五层柱 1-15 × 1-R（东南面）

图 5.4-2　五层柱 1-15 × 1-R（西北面）

图 5.4-3　屋面层梁 2/1-12 × (1-R～1-S)
（东南面）

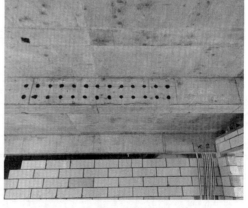

图 5.4-4　屋面层梁 2/1-12 × (1-R～1-S)
（西北面）

现场采集检测数据统计如表 5.4-2 和表 5.4-3 所示。

五层柱 1-15×1-R 测试点位及数据结果分析

表 5.4-2

测点序号	测点位置		测距/mm	声时/μs	幅值/dB	声速/（km/s）
	东南面	西北面				
1	A1	A1	600	145.20	79.7	4.132
2	A2	A2	600	144.80	85.7	4.144
3	A3	A3	600	145.60	87.4	4.121
4	A4	A4	600	145.20	81.9	4.132
5	A5	A5	600	143.60	82.0	4.178
6	A6	A6	600	143.60	77.3	4.178
7	B1	B1	600	145.20	79.8	4.132
8	B2	B2	600	147.60	87.3	4.065
9	B3	B3	600	146.00	83.7	4.110
10	B4	B4	600	144.80	76.2	4.144
11	B5	B5	600	141.20	78.3	4.249
12	B6	B6	600	142.40	73.1	4.213
13	C1	C1	600	143.60	79.1	4.178
14	C2	C2	600	142.80	79.3	4.202
15	C3	C3	600	144.00	83.4	4.167
16	C4	C4	600	142.80	81.0	4.202
17	C5	C5	600	141.60	73.0	4.237
18	D1	D1	600	140.00	75.5	4.286
19	D2	D2	600	144.80	88.5	4.144
20	D3	D3	600	142.00	68.6	4.225
21	D4	D4	600	143.60	80.6	4.178
22	E1	E1	600	143.20	78.3	4.190
23	E2	E2	600	144.00	79.1	4.167
24	E3	E3	600	142.80	85.3	4.202
25	E4	E4	600	142.00	84.4	4.225
26	F1	F1	600	144.00	82.5	4.167
27	F2	F2	600	145.20	84.1	4.132
28	F3	F3	600	145.60	87.8	4.121
29	F4	F4	600	142.40	78.4	4.213
30	G1	G1	600	142.40	84.4	4.213
31	G2	G2	600	145.60	82.4	4.121

超声检测数据					
测点序号	测点位置		测距/mm	声时/μs	幅值/dB	声速/（km/s）
	东南面	西北面				
32	G3	G3	600	147.20	82.1	4.076
33	G4	G4	600	144.00	73.0	4.167
34	H1	H1	600	144.80	78.7	4.144
35	H2	H2	600	145.60	82.8	4.121
36	H3	H3	600	147.60	87.5	4.065
37	H4	H4	600	142.00	81.3	4.225
38	H5	H5	600	138.80	79.2	4.323
39	J1	J1	600	144.40	80.0	4.155
40	J2	J2	600	148.40	86.6	4.043
41	J3	J3	600	146.40	81.3	4.098
42	J4	J4	600	143.20	87.1	4.190
43	J5	J5	600	138.40	79.6	4.335
44	J6	J6	600	140.00	75.0	3.600
45	K1	K1	600	142.00	75.0	4.225
46	K2	K2	600	145.20	81.6	4.132
47	K3	K3	600	143.60	82.3	4.178
48	K4	K4	600	142.80	83.8	4.202
49	K5	K5	600	136.40	75.0	4.399
50	L1	L1	600	142.40	78.1	4.213
51	L2	L2	600	146.80	84.3	4.087
52	L3	L3	600	142.80	81.8	4.202
53	L4	L4	600	141.60	81.3	4.237
54	L5	L5	600	136.00	73.3	4.412
55	M1	M1	600	142.00	78.0	4.225
56	M2	M2	600	143.60	79.1	4.178
57	M3	M3	600	143.20	86.3	4.190
58	M4	M4	600	140.40	86.5	4.274
59	M5	M5	600	136.00	83.1	4.412
60	N1	N1	600	140.00	77.5	4.286
61	N2	N2	600	141.60	83.4	4.237
62	N3	N3	600	143.20	81.3	4.190

测点序号	测点位置		测距/mm	声时/μs	幅值/dB	声速/（km/s）
	东南面	西北面				
63	N4	N4	600	140.40	78.6	4.274
64	N5	N5	600	136.80	84.0	4.386
65	P1	P1	600	140.80	76.4	4.261
66	P2	P2	600	143.60	79.7	4.178
67	P3	P3	600	141.60	80.9	4.237
68	P4	P4	600	140.40	76.8	4.274
69	P5	P5	600	134.40	77.4	4.464
70	Q1	Q1	600	140.00	81.1	4.286
71	Q2	Q2	600	140.40	86.1	4.274
72	Q3	Q3	600	140.40	84.0	4.274
73	R1	R1	600	137.60	77.1	4.360
74	R2	R2	600	136.40	80.9	4.399
75	R3	R3	600	137.60	78.7	4.360

超声检测数据

数据分析结果

声速平均值/（km/s）	4.212	声速离异系数	0.021
声速异常判定值/（km/s）	4.013	声速标准差/（km/s）	0.090
幅度平均值/dB	80.982	幅度离异系数	0.048
幅度异常判定值/dB	72.472	幅度标准差/dB	3.860

异常测点列表

测点序号	指标名称	实测数据
20	幅度值	68.6dB
44	幅度值	69.1dB

屋面层梁 2/1-12×(1-R～1-S)测试点位及数据结果分析　　表 5.4-3

超声检测数据

测点序号	测点位置		测距/mm	声时/μs	幅值/dB	声速/（km/s）
	东南面	西北面				
1	A1	A1	300	71.60	98.5	4.190
2	A2	A2	300	73.60	91.4	4.076
3	A3	A3	300	71.60	92.4	4.190
4	A4	A4	300	71.60	92.5	4.190

测点序号	测点位置		测距/mm	声时/μs	幅值/dB	声速/（km/s）
	东南面	西北面				
5	A5	A5	300	73.20	88.3	4.098
6	A6	A6	300	74.00	90.7	4.054
7	A7	A7	300	72.40	92.5	4.144
8	A8	A8	300	72.00	94.7	4.167
9	A9	A9	300	75.60	91.1	3.968
10	A10	A10	300	73.20	94.3	4.098
11	A11	A11	300	74.00	94.1	4.054
12	A12	A12	300	75.20	99.4	3.989
13	A13	A13	300	75.20	99.7	3.989
14	B1	B1	300	73.20	90.0	4.098
15	B2	B2	300	75.60	89.0	3.968
16	B3	B3	300	74.00	90.7	4.054
17	B4	B4	300	73.20	92.0	4.098
18	B5	B5	300	73.20	91.3	4.098
19	B6	B6	300	75.60	89.0	3.968
20	B7	B7	300	74.00	87.9	4.054
21	B8	B8	300	74.00	89.6	4.054
22	B9	B9	300	76.40	87.5	3.927
23	B10	B10	300	74.40	89.6	4.032
24	B11	B11	300	73.60	91.9	4.076
25	B12	B12	300	76.40	83.6	3.927
26	B13	B13	300	74.00	90.7	4.054

超声检测数据（表标题）

数据分析结果

声速平均值/（km/s）	4.062	声速离异系数	0.019
声速异常判定值/（km/s）	3.926	声速标准差/（km/s）	0.077
幅度平均值/dB	91.946	幅度离异系数	0.036
幅度异常判定值/dB	86.126	幅度标准差/dB	3.326

异常测点列表

测点序号	指标名称	实测数据
25	幅度值	83.6dB

根据上述检测数据进行分析，如表 5.4-4 所示。

混凝土缺陷超声法检测分析结果　　　　　　表 5.4-4

序号	检测部位	混凝土缺陷超声法检测结果	
		检测异常情况及分析	结论
1	五层柱 1-15×1-R	（1）序号 20 的测点幅度值异常，该异常测点为孤立测点，声速正常，混凝土表面有少许孔洞等缺陷，且测点下方有模板对拉螺杆穿孔位，也可能对声波穿透有影响，故推定该测点幅度异常主要由混凝土表面缺陷形成的影响，不是混凝土内部不密实造成。 （2）序号 44 的测点幅度值异常，该异常测点为孤立测点，声速正常，位置接近混凝土修补区域及柱边，且混凝土表面有明显蜂窝孔洞，故推定该测点幅度异常为混凝土表面缺陷形成的影响，不是混凝土内部不密实造成	混凝土内部密实，结构完整
2	屋面层梁 2/1-12×(1-R~1-S)	序号 25 的测点幅度值异常，该测点位于模板接缝处，混凝土表面不平整，且该异常测点为孤立测点，声速正常，故推定该测点幅度异常为混凝土表面不平整形成的影响，不是混凝土内部不密实造成	混凝土内部密实，结构完整

　　由表 5.4-4 的检测情况、结果及分析可知，所抽检五层柱、屋面梁构件检测范围内的混凝土内部密实，结构完整。

第6章

装配式混凝土结构节点检测

6.1 概述

装配式建筑连接节点的施工质量是关系装配式建筑结构可靠度的关键因素，对连接节点进行无损检测是保障装配式混凝土结构工程质量安全的重要措施。本章主要介绍钢筋套筒灌浆连接灌浆饱满度检测、钢筋浆锚搭接连接灌浆饱满度检测和外墙板接缝防水性能检测。

6.2 钢筋套筒灌浆连接灌浆饱满度检测

灌浆套筒是通过钢筋与套筒内混凝土的咬合力来实现钢筋连接的一种方式，套筒对钢筋具有一定的环箍效应，且套筒内设置的横肋还可有效增加连接强度，灌浆套筒如图6.2-1所示。

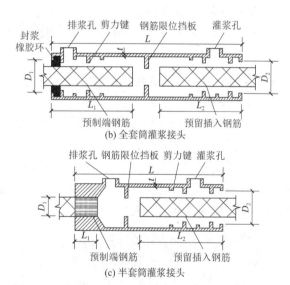

(a) 灌浆套筒照片   (b) 全套筒灌浆接头

(c) 半套筒灌浆接头

图 6.2-1　灌浆套筒

灌浆套筒内的灌浆饱满度检测主要有预埋阻尼振动传感器法、钻孔结合内窥镜法、钢丝拉拔法和X射线法等。

6.2.1 预埋阻尼振动传感器法

1. 测试原理

阻尼振动传感器在特定激励信号的驱动下会产生一定频率的振动，当振动体一定、激励后初始振动的幅度和频率一定，振动体周围的介质的弹性模量越大，振幅衰减越快。因此，根据振动周期和振幅的变化可判断振动器周围介质的情况，从而判断套筒内灌浆是否饱满。对于有阻尼的单自由度结构体系，施加初始激励后结构自由振动微分方程如下：

$$\frac{d^2x}{dt^2} + 2\beta\frac{dx}{dt} + \omega^2 x = 0 \tag{6.2-1}$$

式中：x——结构位移；

$\quad t$——时间；

$\quad \beta$——阻尼系数；

$\quad \omega$——结构振动的圆频率。

其中β、ω的计算如下：

$$\beta = Y/(2m) \tag{6.2-2}$$

$$\omega = \sqrt{\left(\frac{k}{m}\right)^2 - \beta^2} \tag{6.2-3}$$

式中：Y——阻力系数；

$\quad m$——质量；

$\quad k$——刚度系数；

k/m——固有圆频率ω_0。

当$\beta < \omega_0$（阻尼较小）时，式(6.2-1)微分方程的结果为：

$$x = Ae^{-\beta t}\cos(\omega t + Q) \tag{6.2-4}$$

式中：A——初始振动幅值（m）；

$\quad \varphi$——初始相位角。

对于有阻尼的结构体系，施加激励后初始相位角和初始振动幅值一定时，振动幅值$Ae^{-\beta t}$与其阻尼系数β呈负指数关系。

当传感器周围的介质为空气、灌浆料拌合物、硬化的灌浆料时，其阻尼系数依次增大，振幅的衰减也随着阻尼系数的增加而增加，阻尼振动传感器图与振动曲线如图 6.2-2 所示，灌浆饱满度判别标准如图 6.2-3 所示。

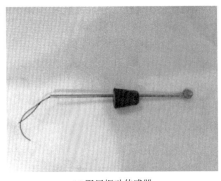 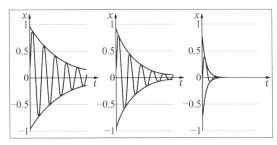

(a) 阻尼振动传感器　　　　(b) $\beta = 0.6$　　　(c) $\beta = 1$　　　(d) $\beta = 5$

图 6.2-2　阻尼振动传感器图与振动曲线

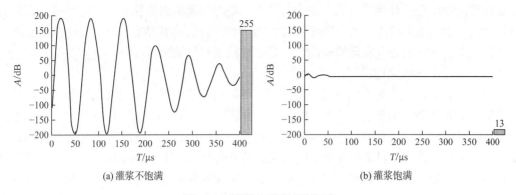

图 6.2-3　灌浆饱满度判别标准

2. 检测方法

检测仪器包括灌浆饱满度检测仪和专用传感器，应符合下列规定：

（1）灌浆饱满度检测仪幅值线性度每 10dB 优于 ±1.0dB，频带宽度在 10～100kHz 之间；专用传感器端头核心元件直径不大于 10mm，与端头核心元件相连的钢丝直径为 2～3mm；专用传感器和橡胶塞集成设计，橡胶塞上钢丝直径与穿孔孔径相同，排气孔径不小于 3mm。

（2）传感器由排浆孔伸入，至靠近排浆孔一侧的钢筋表面位置就位，就位后传感器正面朝向侧边，橡胶塞排浆孔朝向正上方。橡胶塞应紧固到位，保证排浆时不因灌浆压力而被冲出；橡胶塞排气孔应畅通，确保灌满时浆体能够从排气孔流出并可用细木棒及时封堵。

（3）采用连通腔灌浆，一般选择位于中间套筒的底部灌浆孔作为连通腔灌浆孔，其他套筒底部的灌浆孔和没有预埋传感器的出浆口出浆时用橡胶塞封堵，各套筒预埋传感器自带橡胶塞的排气孔有灌浆料流出时用细木棒封堵排气孔，最后用橡胶塞封堵连通腔灌浆孔，完成灌浆。对于不具备连通腔灌浆条件的套筒，可采用单独灌浆方式。

（4）灌浆结束后至灌浆料初凝前，每间隔 5min 记录传感器的振动能量值。

（5）结果判别标准：当振动能量值 ≤ 100 时，判断灌浆饱满；当振动能量值 > 100，判断灌浆未饱满；当传感器任意读数大于 100 时，应判断灌浆未饱满。

（6）检测报告应至少包括：工程名称、委托单位；灌浆套筒位置、连接方式等；所用的主要仪器设备；检测结果；检测日期、检测人员签字及其他。

6.2.2　内窥镜法

1. 测试原理

钻孔结合内窥镜法是在套筒出浆孔管道或套筒出浆孔和灌浆孔连线任意位置钻孔，然后沿孔道底部伸入内窥镜探头测量套筒灌浆缺陷深度。该法无需预埋任何元件，操作简单易行，且对灌浆套筒力学性能无明显不利影响，可用于在建或已建装配整体式混凝土结构套筒灌浆质量检测。

2. 检测方法

（1）套筒顶部饱满的检测

将空心圆柱形钻头对准构件表面的出浆孔，用手电钻配空心圆柱形钻头钻至套筒内钢筋或套筒内壁位置；开启手电钻，钻头行进方向始终与套筒出浆孔管道保持一致，当钻头碰触套筒内钢筋或套筒内壁时，出现钢-钢接触异样声音时停止钻孔；沿钻孔孔道底部伸入内窥镜探头，观测是否存在灌浆缺陷，如存在缺陷则测量缺陷深度。

（2）套筒中部灌浆饱满度检测

将实心螺旋式钻头对准构件表面待钻点，待钻点位于灌浆孔与出浆孔连线上。用冲击钻配实心螺旋式钻头钻至套筒表面（根据设计图纸及现场钻进声音判断），然后改用手电钻配空心圆柱形钻头钻透套筒壁并钻至套筒内钢筋位置。具体操作流程如下：①开启冲击钻，钻头行进方向始终与构件表面垂直，当钻至套筒表面时，出现钢-钢接触异样声音时停止钻孔并改用手电钻；②继续钻孔至钻透套筒壁，因接触灌浆料或空隙，钻进出现的声音有所改变；③随后钻头碰触套筒内钢筋，再次出现钢-钢接触异样声音时停止钻孔。沿钻孔孔道底部伸入内窥镜探头，观测是否存在灌浆缺陷，如存在缺陷则测量缺陷深度。

6.2.3 预埋钢丝拉拔法

1. 测试原理

预埋钢丝拉拔法是灌浆前在套筒溢浆口预埋直径 5mm 的高强度钢丝，钢丝锚固长度 30mm，待灌浆料拌合物凝结固化 3d 后，采用拉拔仪进行拉拔，通过拉拔荷载判断灌浆饱满度，仪器及现场拉拔如图 6.2-4 所示。

(a) 微型拉拔仪　　　　　　　　　　　　　(b) 现场拉拔

图 6.2-4　预埋钢丝拉拔法

2. 检测方法

（1）检测设备包括拉拔仪和专用钢丝：

①拉拔仪量程不小于 10kN，分度值为不大于 0.1kN，示值误差为 2%；

②专用钢丝采用光圆高强度钢丝，抗拉强度不低于 600MPa，直径为 5mm ± 0.1mm，端头锚固长度为 30mm ± 0.5mm；

③专用钢丝和橡胶塞集成设计，橡胶塞上钢丝穿过孔的孔径为 5mm ± 0.1mm，排气孔径的孔径不小于 3mm；

④钢丝锚固段与橡胶塞之间的部分应与灌浆料浆体有效隔离；

⑤拉拔仪和专用钢丝应通过技术鉴定，并应具有产品合格证书和定期计量检定证书。

（2）灌浆饱满度检测前应做好以下工作：

①应检查检测设备是否正常；

②应记录工程名称、楼号、楼层、套筒所在构件编号、套筒具体位置、检测人员信息等。

（3）准备工作完成后，将专用钢丝从套筒的出浆口水平伸至套筒内靠近出浆口一侧的钢筋表面位置，就位后专用钢丝自带橡胶塞的排气孔位于正上方。应确保橡胶塞在出浆口紧固到位，出浆时不因灌浆压力的存在而被冲出；应确保橡胶塞上的排气孔畅通，灌满时浆体能够从排气孔流出并及时用细木棒封堵。

（4）灌浆前，针对同一批测点所用灌浆料，制作 40mm×40mm×160mm 灌浆料试样不少于 1 组，并采用标准养护方式进行养护。

（5）采用连通腔灌浆，一般选择位于中间套筒的底部灌浆孔作为连通腔灌浆孔，其他套筒底部的灌浆孔和没有预埋钢丝的出浆口出浆时用橡胶塞封堵，各套筒预埋钢丝自带橡胶塞的排气孔有灌浆料流出时用细木棒封堵排气孔，最后用橡胶塞封堵连通腔灌浆孔，完成灌浆。对于不具备连通腔灌浆条件的套筒，可采用单独灌浆方式。

（6）预埋钢丝的灌浆构件采用自然养护方式进行养护，养护期间应做好现场防护工作，确保钢丝不被损坏。

（7）灌浆料试样和灌浆构件养护 3d 后，首先按现行行业标准《钢筋连接用套筒灌浆料》JG/T 408 进行灌浆料试样抗压强度测试，如果 3d 抗压强度不满足现行行业标准《钢筋连接用套筒灌浆料》JG/T 408 的规定，则判断灌浆料质量不合格，不再进行预埋钢丝拉拔；反之，则采用拉拔仪拉拔预埋钢丝。

（8）拉拔时，拉拔仪应与预埋钢丝对中连接，并与检测面垂直，连续均匀施加拉拔荷载，速度应控制在 0.15～0.5kN/s，直至钢丝被完全拔出，记录极限拉拔荷载，精确至 0.1kN。

（9）预埋钢丝拉拔法检测结果的判别标准为：取同一批测点极限拉拔荷载中 3 个最大值的平均值，该平均值的 40%记为 a，该平均值的 60%记为 b；如果测点数据高于 b，判断测点对应套筒灌浆饱满；如果测点数据在 a～b 之间，需进一步用内窥镜法进行校核；如果测点数据低于 a 或低于 1.0kN，则直接判断测点对应套筒灌浆不饱满。

6.2.4　检测套筒灌浆质量的 X 射线法

1. 测试原理

DR 检测技术是一种 X 射线直接转换技术，X 射线透照被检构件，因构件对射线的吸收和散射使其强度减弱衰减，数字探测器接收到衰减后的射线光子，转化成电信号并输出数字影像，如图 6.2-5 所示。

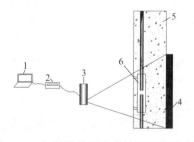

图 6.2-5　X 射线数字成像检测原理示意图

1—笔记本电脑；2—控制器；3—X 射线机；4—平板探测器或胶片；5—预制构件；6—灌浆套筒

如果被透照构件内部的套筒存在缺陷（空洞、孔洞、不密实等），将会使得透过射线的强度与周围区域产生差异，所成图像对应区域就会产生灰度差，进而可以判断构件内有无缺陷及缺陷的形状、大小和位置等。

2. 现场检测

套筒的混凝土保护层厚度的不均匀，会导致平板探测器接收到的透射射线强度差异显著。射线检测时透照厚度的变化，也会导致成像时的灰度出现差异：透照厚度较薄的部位产生饱和现象，而透照厚度较大的部位曝光不足，无法根据最终获得的图像准确判别套筒内部质量。为此利用与套筒内部相同的灌浆料做成的补偿块减少透照厚度差，使平板探测器接收到能量比较均匀的射线，获得较清晰的灌浆套筒的图像，才能分析套筒内灌浆质量和钢筋锚固长度的情况，如图 6.2-6 所示方法。

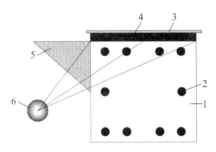

图 6.2-6　预制柱内套筒 DR 检测示意图

1—预制柱；2—柱内灌浆套筒；3—铅板；4—平板探测器；5—补偿块；6—X 射线源

具体操作步骤如下所示：

（1）本方法主要适用于套筒内部灌浆质量的定性检测，宜采用便携式 X 射线探伤仪，通常需采用局部破损法进行验证。

（2）采用便携式 X 射线探伤仪检测时，务必保证所有检测人员位于安全距离以外的区域。

（3）检测设备包括便携式 X 射线探伤仪、控制器和胶片。

（4）便携式 X 射线探伤仪的最大管电压不低于 300kV；控制器最长延迟开启时间不低于 180s；曝光后胶片的黑度值应控制在 2.0～3.0 之间。

（5）便携式 X 射线探伤仪、控制器和胶片应通过技术鉴定，并应具有产品合格证书和定期计量检定证书。

（6）套筒灌浆缺陷检测前应做好以下工作：应确保灌浆龄期不低于 7d；应检查检测设备是否正常；应记录工程名称、楼号、楼层、套筒所在构件编号、套筒具体位置、检测人员信息等。

准备工作完成后，将胶片粘贴在预制剪力墙体的一侧，胶片应能够完全覆盖被测套筒；将便携式 X 射线探伤仪放置在预制剪力墙体的另一侧，射线源正对同一被测套筒，调整射线源到胶片的距离与射线机焦距相同。

（7）将控制器与便携式 X 射线探伤仪相连，根据连接线长度将控制器放置在距离探伤仪最远的距离。在控制器上设置管电压、管电流和曝光时间，各参数的数值应事先通过试验确定。

（8）在控制器上设置延迟开启时间，确保检测人员到达安全距离后控制器开启测量。

（9）曝光完成后，控制器自动停止测量。

（10）取下胶片。重复以上步骤测量下一个套筒。

（11）洗片过程中，胶片的显影时间、定影时间等参数应事先通过试验确定；洗片完成后，通过胶片成像观片灯观测各套筒的检测结果。

6.3　钢筋浆锚搭接连接灌浆饱满度检测

浆锚搭接是直接在预制构件预留的孔道中插入需要搭接的钢筋，并灌注高强水泥基灌浆料从而实现钢筋的搭接连接。浆锚搭接连接施工方便、连接可靠，是装配式剪力墙体系一种可靠的连接方式。浆锚搭接的检测方法与灌浆套筒的检测方法相同，可参考执行。

6.4　外墙板接缝防水性能检测

6.4.1　外墙的淋水时间及范围

一般情况下，外墙淋水试验应在外墙第一遍涂料完成 7～10d、外架拆除后尽快进行（对于质感涂料，宜在质感料完成而面油涂料未开始前进行）。全面淋水持续时间不得少于 24h。全面淋水必须进行，不因下雨而免于进行。

淋水部位应包括外墙、门窗、幕墙、玻璃与墙体未脱开的玻璃天窗、雨棚等。外墙墙板接缝处、窗框周边、空调板、外墙脚手架洞口为重点试验部位，如图 6.4-1 所示。淋水前应对窗边等重点部位进行射水试验，射水持续时间可根据工程实际情况确定。对于渗漏点整改后的检查，也可采用高强度射水试验。

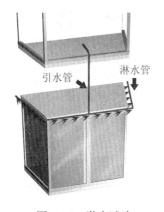

图 6.4-1　淋水试验

6.4.2　淋水设备

根据工程项目的高度和布管的情况选定加压水泵，确保最不利点的水压和水量达到要求；水压不够时应采用加压措施，保证试验正常进行。水箱容量应根据淋水量大小而定，可单独配置，也可利用现有施工水箱或生活（消防）水箱。

根据淋水量选定供水主管和支管管径。淋水管宜采用 DN25 管材，淋水管钻孔直径宜为 3.0mm，孔间距宜控制在 50～80mm。支管应设置阀门控制供水量及水压，支管所接淋水管不宜超过两根，水压应控制在 0.1～0.6MPa。支管和淋水管安装应稳固可靠，水加压设备应设置漏电保护装置。

6.4.3　布管

供水主管和支管宜布置在阳台附近。淋水管应置于淋水段外墙顶部，淋水管与窗或墙面距离控制在 100～150mm，可在被检面形成连续水幕。建筑层数不超过 4 层可划分为一个淋水段；5 层以上可从上而下每 3～4 层划分一个淋水段。阳台处淋水管可断开，若立面有横向断开线条，则应根据所在线条位置分段布管。

试验情况检查记录时间应至少包括试验开始后 4h、8h、12h 三次，检查出的渗漏点应标识记录。试验开始 12h 后，淋水面内侧未出现水渍现象，可判定合格。

6.4.4　淋水试验报告

（1）外墙淋水方案。
（2）射水记录、外墙淋水试验情况记录表及关键过程记录。
（3）渗漏整改方案及措施。

6.5　检测记录报表

6.5.1　灌浆套筒与浆锚搭接检测报表

采用预埋阻尼振动传感器法、钻孔结合内窥镜法、钢丝拉拔法和 X 射线法等检测灌浆套筒灌浆饱满度或者采用 X 射线法检测浆锚搭接的灌浆饱满度，只需根据不同检测方法的判别标准填写检测表格即可，检测记录表的一般模式可参考附录 E.1 和 E.2 填写。

6.5.2　淋水试验报表

与节点连接检测记录表相似，外墙淋水试验结果只需根据不同检测方法的判别标准填写检测表格即可，检测记录表的一般模式可参考附录 E.3 填写。

第7章

结构性能荷载试验

7.1 概述

结构性能荷载试验的目的就是在结构物或试验对象（实物或模型）上，以仪器设备为工具，以各种试验技术为手段，在荷载（重力、机械扰动力、风力）或其他因素（温度、变形沉降）及地震作用下，通过测试与结构工作性能有关的各种参数（变形、挠度、位移、应变、振幅、频率），从承载力、稳定、刚度、抗裂性以及结构的破坏形态等各个方面来判断结构的实际工作性能，估计结构及构件的承载能力，确定结构对使用要求的符合程度。

考虑进行荷载检验的情况有：

（1）采用新结构体系、新材料、新工艺建造的混凝土结构，需验证或评估结构设计的可靠程度。

（2）外观质量较差的结构，需鉴定外观缺陷对其结构性能的实际影响程度。

（3）既有混凝土结构出现损伤后，需鉴定损伤对其结构性能的实际影响程度。

（4）缺少设计图纸、施工资料或结构体系复杂受力不明确，难以通过计算确定结构性能。

（5）现行设计规范和施工验收规范要求的验证检测。

结构性能荷载试验根据检验荷载的性质可分为静载试验和动载试验，本章主要对结构静载试验及结构动力测试进行阐述。

7.2 结构静载试验

7.2.1 概述

静载试验是指结构或构件在静力荷载作用下，通过专门仪器设备测得结构或构件的各种变形、内力变化及承载能力，是分析、判定结构构件的工作状态与受力情况的重要手段。结构性能试验中大多数为静载检测。例如：建筑工程的质量验收，旧有结构的实际承载能力的评定及改建、扩建、加固、补强处理等。另外，对批量生产的预制构件进行质量鉴定，抽样检测及对新型结构或工艺提供试验佐证等也属于静载检测范围。因此，静载检测是结构检测工作中一项最常见也是最基本的工作。

7.2.2 结构性能荷载试验的程序

结构性能荷载试验一般包括以下程序：

（1）试验准备。

（2）加载方案及实施。

（3）观测方案及实施。

（4）数据整理、分析。

（5）结构性能评定。

7.2.3 试验准备

（1）调查研究、收集资料

静载试验是一项费时、费力并有一定风险的技术工作，要保证试验的有效性、避免出现安全事故，做到心中有数、处置得当，试验前需要进行详细的调查研究，收集相关资料。调查收集的资料包括：

① 设计方面资料：包括设计图纸、计算书和设计所依据的原始资料（如地基土壤资料、气象资料和生产工艺资料等）；

② 施工方面资料：包括施工日志、材料性能试验报告、施工记录和隐蔽工程验收记录等；

③ 使用方面资料：主要是使用过程、环境、超载情况或事故经过等；

④ 相关现场检测资料：包括受检构件的连接构造、混凝土强度、钢筋配置状况、截面尺寸、缺陷与损伤状况等；

⑤ 与试验相关的其他资料：电源、脚手架、加载物等。

（2）受检构件的选取

批量生产的预制构件其生产条件、控制标准和性能指标基本稳定，可采用随机抽样进行检验。当相应标准有具体规定时，抽样方案应按标准规定执行。

结构实体中的构件形状规格、实际性能存在较大差别，形成不了真正意义上的检验批，一般情况下不易实现随机抽样，宜按约定抽样原则从结构实体中选取，并对抽样过程进行必要的记录。

从保证结构安全角度出发，应使最不利构件得到充分检验，同时还要考虑方便实施，约定抽样时应综合考虑以下因素：

① 该构件计算受力最不利

计算受力最不利包含以下含义：该构件计算的作用效应与设计抗力比最大；该构件计算的作用效应最大；该构件在结构体系中起到重要的作用。

该构件施工质量较差、缺陷较多或病害及损伤较严重，构件表现出的缺陷如裂缝、疏松、局部脱落、钢筋锈蚀等。有些是由于施工质量较差引起的，有些是由于环境损伤和偶然作用（火灾、撞击等）引起的，尽管尚不能根据这些缺陷准确定量地评价构件性能的下降幅度，但这些缺陷一定程度上能定性地反映构件的性能。

② 便于设置测点或实施加载

静力荷载检验的中心内容就是加载以及观测在荷载作用下的反应（应变、变形等），便于设置测点或实施加载，是保证整个试验顺利进行的关键。

7.2.4 加载方案

加载方案的确定除了与检验目的直接相关外，还与试验对象的结构形式、构件在结构中的空间位置、现场试验条件等因素有关。

1. 加载图式

检验荷载在受检构件上的布置形式称为加载图式，一般要求加载图式与结构分析所用图式一致，即均布荷载的加载图式为均布荷载，集中荷载的加载图式为集中荷载。如果因条件限制无法实现加载图式一致，应采用与计算简图等效的加载图式。

等效加载图式应满足下列条件：

（1）等效荷载产生的控制截面上的主要内力应与计算内力值相等。

（2）等效荷载产生的主要内力图形与计算内力图形相似。

（3）控制截面上的内力等效时，其次要截面上的内力应与设计值接近。

（4）由于等效荷载引起的变形差别，应适当修正。

（5）对于具有特殊荷载作用的构件，应采用设计图纸上规定的加载方式。例如，吊车梁，承受的主要荷载是往复运动的吊车轮压，则试验的加载点应根据最大弯矩或最大剪力的最不利位置布置来确定。

2. 检验荷载计算

《工程结构可靠性设计统一标准》GB 50153—2008 和《混凝土结构设计标准》GB/T 50010—2010（2024 年版）均将结构功能的极限状态分为两大类，即承载能力极限状态和正常使用极限状态，同时还规定结构构件应按不同的荷载效应组合设计值进行承载力计算及变形、抗裂和裂缝宽度验算。因此，在进行结构试验前，首先应确定对应于各种检验目标的检验荷载。

现场检测时，还存在委托方指定检验荷载的情况，例如：用生产中实际运行的吊车，按照指定的工作制度对吊车梁进行荷载检验，此时应按约定抽样原则进行检验。

（1）永久荷载和可变荷载的确定

检验荷载通常是永久荷载标准值 G_k 和可变荷载标准值 Q_k 的线性组合，首先应确定 G_k 和 Q_k。

对于既有结构中的受检构件而言，由结构自重产生的永久荷载是一个确定量，宜根据材料重度和构件尺寸的实测数据计算取值；由装修做法产生的永久荷载宜按设计参数取值。

可变荷载宜按设计参数取值，当目标使用期小于设计使用年限，对可变荷载当考虑后续使用年限的影响时，其可变荷载调整系数宜根据现行国家标准《工程结构可靠性设计统一标准》GB 50153、《建筑结构荷载规范》GB 50009 的相关规定，并结合受检构件的具体情况确定。设计使用年限为 5 年、50 年、100 年时，考虑后续使用年限偏于安全的可变荷载调整系数分别为 0.9、1.0、1.1。

（2）确定检验荷载的原则

确定检验荷载是进行原位加载试验的关键一环，不同的检验荷载可能会产生不同的试验结果，试验前应根据试验目的和相关标准准确确定检验荷载。

根据《混凝土结构试验方法标准》GB/T 50152—2012 的规定，原位加载试验的最大加载限值应按下列原则确定：

① 仅检验构件在正常使用极限状态下的挠度、裂缝宽度时，试验的最大加载限值宜取使用状态试验荷载值，对钢筋混凝土结构构件取荷载的准永久组合，对预应力混凝土结构

构件取荷载的标准组合；

②当检验构件承载力时，试验的最大加载限值宜取承载力状态荷载设计值与结构重要性系数γ_0乘积的1.60倍；

③当试验有特殊目的或要求时，试验的最大加载限值可取各临界试验荷载值中的最大值。

（3）使用状态试验荷载值

正常使用极限状态下荷载的准永久组合：（钢筋混凝土构件）荷载准永久组合的效应设计值S_d应按下式进行计算：

$$S_d = \sum_{j=1}^{m} S_{G_{jk}} + \sum_{i=1}^{n} \psi_{qi} S_{Qik} \tag{7.2-1}$$

式中：$S_{G_{jk}}$——按第j个永久荷载标准值G_{jk}计算的荷载效应值；

S_{Qik}——按第i个可变荷载标准值Q_{ik}计算的荷载效应值；

ψ_{qi}——第i个可变荷载Q_i的准永久系数；

m——永久荷载的个数；

n——可变荷载的个数。

（4）极限承载能力检验荷载

对于一批混凝土构件而言，其可靠指标由其承受的作用效应和构件性能决定，作用效应和构件性能都是随机变量，严格意义上的可靠度设计需要进行随机变量的概率运算。《混凝土结构设计标准》GB/T 50010—2010（2024年版）采取了简化处理，通过分项系数的设计表达式进行设计，即采用荷载分项系数体现作用的变异性、采用材料分项系数体现结构性能的变异性、采用承载力计算公式中的系数调整不同受力状况的可靠指标。

《混凝土结构试验方法标准》GB/T 50152—2012和《混凝土结构工程施工质量验收规范》GB 50204—2015针对不同的极限状态标志确定的承载力检验荷载，本质上属于极限承载能力和安全裕度的检验，隐含着批验收的概念，承载力检验系数根据结构性能的变异性和目标可靠指标确定。因此，结构构件承载能力检验荷载的效应不应小于可变和永久作用设计值的效应之和与承载力检验系数允许值之乘积，即：

$$Q_u = \gamma_{u,i}(\gamma_G G_k + \gamma_Q Q_k)$$

式中：Q_u——对应不同检验指标的荷载检验值；

γ_G——永久荷载分项系数，一般取1.3；

γ_Q——可变荷载分项系数，一般取1.5；

$\gamma_{u,i}$——对应不同检验指标的承载力检验系数，可按表7.2-1取值。

承载力标志及加载系数$\gamma_{u,i}$　　　　　　　　表7.2-1

受力类型	标志类型（i）	承载力标志	加载系数$\gamma_{u,i}$
受拉 受压 受弯	1	弯曲挠度达到跨度的1/50或悬臂长度的1/25	1.20（1.35）
	2	受拉主筋处裂缝宽度达到1.50mm或钢筋应变达到0.01	1.20（1.35）
	3	构件的受拉主筋断裂	1.60
	4	弯曲受压区混凝土受压开裂、破碎	1.30（1.50）
	5	受压构件的混凝土受压破碎、压溃	1.60

续表

受力类型	标志类型（ i ）	承载力标志	加载系数 $\gamma_{u,i}$
受剪	6	构件腹部斜裂缝宽度达到 1.50mm	1.40
	7	斜裂缝端部出现混凝土剪压破坏	1.40
	8	沿构件斜截面斜拉裂缝，混凝土撕裂	1.45
	9	沿构件斜截面斜压裂缝，混凝土破碎	1.45
	10	沿构件叠合面、接触面出现剪切裂缝	1.45
受扭	11	构件腹部斜裂缝宽度达到 1.50mm	1.25
受冲切	12	沿冲切锥面顶、底的环状裂缝	1.45
局部受压	13	混凝土压陷、劈裂	1.40
	14	边角混凝土剥裂	1.50
钢筋的锚固、连接	15	受拉主筋锚固失效，主筋端部滑移达到 0.2mm	1.50
	16	受拉主筋在搭接连接头处滑移，传力性能失效	1.50
	17	受拉主筋搭接脱离或在焊接、机械连接处断裂，传力中断	1.60

注：当混凝土强度等级不低于 C60 时，或采用无明显屈服钢筋为受力主筋时，取用括号中的数值。

根据《混凝土结构试验方法标准》GB/T 50152—2012 的规定，试验的最大加载限值宜取承载力状态荷载设计值与结构重要性系数乘积的 1.60 倍（1.60 是最大值，当不需要检验表 7.2-1 的全部项目时，可直接取对应的最大值）。

7.2.5　加载程序

结构的承载力及其变形性能，不仅与加载量有关还与加载速度及持荷时间等因素有关，进行结构试验时必须给予足够时间，使结构变形得到充分发展。

1. 加载方式

结构实体中进行荷载检验的构件一般是梁、板等水平构件，检测时应根据实际条件因地制宜地选择下列加载方式。

（1）当采用重物进行均布加载时，应满足下列要求：

① 加载物应重量均匀一致，便于计数控制，形状规则便于堆积码放；

② 不宜采用有吸水性的加载物；

③ 铁块、混凝土块、砖块等加载物重量应满足分级加载要求，单块重量不宜大于 250N；

④ 试验前应对加载物称重，求其平均重量，称量仪器误差应不超过±1.0%；

⑤ 加载物应分堆码放，沿单向或双向受力试件跨度方向的堆积长度宜采用 1m 左右，且不应大于试件跨度的 1/6～1/4；

⑥ 堆与堆之间宜留不小于 50mm 的间隙，避免形成拱作用。

（2）当采用散体材料进行均布加载时，应满足下列要求：

① 散体材料可装袋称量后计数加载；也可在构件上表面加载区域周围设置侧向支挡，逐级称量加载并均匀推平；

② 加载时应避免加载散体外漏。

（3）当采用流体（水）进行均布加载时，应有水囊、围堰、隔水膜等防止渗漏。加载可以用水的深度换算成荷载加以控制，也可通过流量计进行控制。

（4）当采用液压加载时，应设置反力的支承系统。

（5）当采用特殊荷载加载时，应满足相关要求。

静载试验加载实例如图 7.2-1 所示。

(a) 采用水桶加载网架实例　　　　　　　　　　　(b) 采用水桶加载钢架实例

(c) 采用沙包加载梁板实例　　　　　　　　　　　(d) 采用水池加载梁板实例

图 7.2-1　静载试验加载实例

2. 预加载

在正式试验前应对受检构件进行预加载，其目的是：

（1）使受检构件的各支点进入正常工作状态。在构件制造、安装等过程中节点和结合部位难免有缝隙，预加载可使其密合。对装配式钢筋混凝土结构需经过若干次预加载，才能使荷载变形关系趋于稳定。

（2）检验支座是否平稳，检查加载设备工作是否正常，加载装置是否安全可靠。

（3）检查测试仪表是否都已进入正常工作状态。应严格检查仪表的安装质量、读数和量程是否满足试验要求；自动记录系统运转是否正常等。

（4）使试验工作人员熟悉自己担任的任务，掌握调表、读数等操作技术，保证采集的数据正确无误。

对于开裂较早的普通钢筋混凝土结构，预加载的荷载量，不宜超过开裂荷载值的 70%（含自重），以保证在正式试验时能得到首次开裂的开裂荷载值。

3. 荷载分级

荷载分级的目的，一方面是为控制加载速度，另一方面是为便于观察结构变形情况，为读取各种试验数据提供所必需的时间。

分级方法应以能得到比较准确的承载力检验荷载值、开裂荷载值和正常使用状态的检验荷载值及其相应的变形为目的。因此荷载分级时应分别在这些控制值附近，将原荷载等级减小。例如：在达到正常使用极限状态以前，以正常使用短期检验荷载值为准，每级加载量一般不宜超过 20%（含自重）；接近正常使用极限状态时，每级加载量减小至 10%；对于钢筋混凝土或预应力混凝土构件，达到 90% 开裂检验荷载以后，每级加载量不宜大于 5% 的使用状态短期检验荷载值。检验荷载一般按总荷载的 20% 左右分级，即分 5 级左右进行加载。

（1）级间间隔时间 t_1

级间间歇时间 t_1 包括开始加载至加载完毕的时间和荷载停留时间，级间停留时间主要取决于结构变形是否已得到充分发展，尤其是混凝土结构，由于材料的塑性性能和裂缝开展，需要一定时间才能完成内力重分布，否则将得到偏小的变形值和偏高的极限荷载值，影响试验的准确性。根据经验和有关规定，混凝土结构的级间停留时间不得少于 10～15min（《混凝土结构试验方法标准》GB/T 50152—2012 要求不得少于 5～10min）。

（2）满载时间 t_2

结构的变形和裂缝是结构刚度的重要指标。在进行钢筋混凝土结构的变形和裂缝宽度试验时，在正常使用极限状态短期检验荷载作用下的持续时间不应少 30min（《混凝土结构试验方法标准》GB/T 50152—2012 要求不得少于 15min）。对于采用新材料、新工艺、新结构形式的结构构件，或跨度较大（大于 12m）的屋架、桁架等结构构件，为了确保使用期间的安全，要求在正常使用极限状态短期检验荷载作用下的持续时间不宜少于 12h，在这段时间内变形继续增长而无稳定趋势时，还应延长持续时间直至变形发展稳定为止。如果检验荷载达到开裂荷载计算值时，受检结构已经出现裂缝，则开裂检验荷载不必持续作用。

（3）空载时间 t_3

受载结构卸载后到下一次重新开始受载之间的间歇时间称空载时间。空载对于研究性试验是完全必要的。因为观测结构经受荷载作用后的残余变形和变形的恢复情况均可说明结构的工作性能。要使残余变形得到充分发展需要有足够的空载时间，有关的试验标准规定：对于一般的钢筋混凝土结构空载时间取 45min；对于重要的结构构件和跨度大于 12m 的结构取 18h（即为满载时间的 1.5 倍）。空载时间内也必须定时观察和记录变形值。

4. 终止试验条件

完成试验目标后应及时卸载。

加载过程中，如果结构提前出现下列标志，应立即停止加载，分析原因后如认为需要继续加载，应采取相应的安全措施：

（1）控制测点的应力或应变值已达到或超过理论控制值。

（2）受检结构的裂缝、挠度随着加载急剧发展。

（3）出现相应检验标志。

7.2.6 观测方案设计及实施

观测方案是根据受力结构的变形特征和控制截面上的变形参数来制定的，因此要预先估算出结构在检验荷载作用下的受力性能和可能发生的破坏形状。观测方案的内容主要包括：确定观察和测量的项目、选定观测区域、布置测点及按照量测精度要求选择仪表和设备等。

1. 观察和测量项目的确定

构件在外荷载作用下的变形可分为两类：一类反映的是构件整体工作状况，如梁的最大挠度及其整体变形；另一类反映的是结构局部工作状况，如局部的应变、裂缝等。

构件任何部位的异常变形或局部破坏都会在整体变形中得到反映，整体变形不仅可以反映构件的刚度变化，而且还可以反映构件弹性和非弹性性质，构件整体变形是观察的重要项目之一。钢筋混凝土构件何时出现裂缝，可直接说明其抗裂性能；控制截面上的应变大小和方向反映了结构的应力状态，是结构极限承载力计算的主要依据。当结构处于弹塑性阶段时，其应变、曲率、转角或位移的量测结果，都是判定结构延性的主要依据。

另外，观测项目和测点数量还必须满足结构分析和评价结构工作状态的需要。

混凝土结构试验时，量测内容宜根据试验目的在下列项目中选择：

（1）荷载：包括均布荷载、集中荷载或其他形式的荷载。

（2）位移：试件的变形、挠度、转角或其他形式的位移。

（3）裂缝：试件的开裂荷载、裂缝形态及裂缝宽度。

（4）应变：混凝土及钢筋的应变。

（5）根据试验需要确定的其他项目。

混凝土结构试验用的量测仪表，应符合有关精度等级的要求，并应定期检验校准，具有处于有效期内的合格证书。人工读数的仪表应进行估读，读数应比所用量测仪表的最小分度值多一位。仪表的预估试验量程宜控制在量测仪表满量程的30%～80%范围之内。

为及时记录试验数据并对量测结果进行初步整理，宜选用具有自动数据采集和初步整理功能的配套仪器、仪表系统。

结构静力试验采用人工测读时，应符合下列规定：

（1）应按一定的时间间隔进行测读，全部测点读数时间应基本相同。

（2）分级加载时，宜在持荷开始时预读，持荷结束时正式测读。

（3）环境温度、湿度对量测结果有明显影响时，宜同时记录环境的温度和湿度。

2. 位移及变形的量测

位移量测的仪器、仪表可根据精度及数据集的要求选用电子位移计、百分表、千分表、水准仪、经纬仪、倾角仪、全站仪、激光测距仪、直尺等。

试验中应根据试件变形量测的需要布置位移量测仪表，并由量测的位移值计算试件的挠度、转角等变形参数。试件位移量测应符合下列规定：

（1）应在试件最大位移处及支座处布置测点；对宽度较大的试件，尚应在试件的两侧布置测点，并取量测结果的平均值作为该处的实测值。

（2）对具有边肋的单向板，除应量测边肋挠度外，还宜量测板宽中央的最大挠度。

（3）位移量测应采用仪表测读。对于试验后期变形较大的情况，可拆除仪表改用水准仪、标尺量测或采用拉线—直尺等方法进行量测。

（4）对屋架、桁架挠度测点应布置在下弦杆跨中或最大挠度的节点位置上，需要时也可在上弦杆节点处布置测点。

（5）对屋架、桁架和具有侧向推力的结构构件，还应在跨度方向的支座两端布置水平测点，量测结构在荷载作用下沿跨度方向的水平位移。

量测试件挠度曲线时，测点布置应符合下列要求：

（1）受弯及偏心受压构件量测挠度曲线的测点应沿构件跨度方向布置，包括量测支座沉降和变形的测点在内，测点不应少于 5 点；对于跨度大于 6m 的构件，测点数量还宜适当增多。

（2）对双向板、空间薄壳结构量测挠度曲线的测点应沿两个跨度或主曲率方向布置，且任一方向的测点数包括量测支座沉降和变形的测点在内不应少于 5 点。

（3）屋架、桁架量测挠度曲线的测点应沿跨度方向各下弦节点处布置。

3. 应变的测量

（1）截面应变测定

受弯构件应在弯矩最大的截面上沿截面高度布置测点，同一截面上的应变测点数目一般不得少于 2 个，也不得少于测应力的种类数目；当需要量测沿截面高度的应变分布规律时，布置测点数不宜少于 5 个。应变计的标距方向应与构件法向应力方向一致。

（2）平面应变的测定

处于平面应力状态的结构，不仅需要知道应力的大小，还要知道应力的方向，需采用平面应变的测定方法。

平面应变的测点布置，根据构件受力的具体情况而定。对于受弯构件中正应力和剪应力共同作用的区域，截面形状不规则或有突变的部位，其应力的大小和方向均为未知，测定其平面应变时，可按一定的坐标系均匀布置测点，每个测点按三个方向的应变进行测量，即：X 方向、Y 方向和斜向 45°。

进行平面应变测量，应充分利用结构的对称性来布点，不仅可以节省应变片，还可减少大量测试工作和分析工作。对于开孔的薄腹梁或薄壁容器等，其孔边上的边界主应力方向为已知，故测定时可沿孔边切线方向布点。若荷载和结构均为对称，则在对称轴上的应力方向为已知，且其剪应力为零，则其中一个主应力沿对称轴作用，另一主应力与对称轴垂直。

4. 裂缝的量测

裂缝出现以后应在试件上描绘裂缝的位置、分布、形态；记录裂缝宽度和对应的荷载值或荷载等级；并全过程观察记录裂缝形态和宽度的变化；绘制构件裂缝形态图；判断裂缝的性质及类型。

裂缝宽度量测位置应按下列原则确定：

（1）对梁、柱、墙等构件的受弯裂缝应在构件侧面受拉主筋处量测最大裂缝宽度；对上述构件的受剪裂缝应在构件侧面斜裂最宽处量测最大裂缝宽度。

（2）板类构件可在板面或板底量测最大裂缝宽度。

（3）其余试件应根据试验目的，量测预定区域的裂缝宽度。

试件裂缝的宽度可选用刻度放大镜、电子裂缝观测仪、振弦式测缝计、裂缝宽度检验卡等仪表进行测量。

对试验加载前已存在的裂缝，应进行量测和标志，初步分析裂缝的原因和性质，并跨裂缝做石膏标记。试验加载后，应对已存在裂缝的发展进行观测和记录，并通过对石膏标记上裂缝的量测，确定裂缝宽度的变化。

除以上观测内容外，还应包括试件承载力标志的观测，还应包括卸载过程中和卸载后，试件挠度及裂缝的恢复情况及残余值。

7.2.7 量测数据整理

试验记录应在试验现场完成，关键性数据宜实时进行分析判断。现场试验记录的数据、文字、图表应真实、清晰完整，不得任意涂改。结构试验的原始记录应由记录人签名，并宜包括下列内容：

（1）钢筋和混凝土材料力学性能的检测结果。

（2）试验试件形状、尺寸的量测与外观质量的观察检查记录。

（3）试验加载过程的现象观察描述。

（4）试验过程中仪表测读数据记录及裂缝草图。

（5）试件变形、开裂、裂缝宽度、屈服、承载力极限等临界状态的描述。

（6）试件破坏过程及破坏形态的描述。

（7）试验影像记录。

量测数据包括在准备阶段和正式试验阶段采集到的全部数据，其中一部分是对试验起控制作用的数据，如最大挠度控制点、最大侧向位移控制点、控制截面上的钢筋应变屈服点及混凝土极限拉、压应变等。这类起控制作用的参数应在试验过程中随时整理，以便指导整个试验过程的进行。其他大量测试数据的整理分析工作，将在试验后进行。

对实测数据进行整理，一般均应算出各级荷载作用下仪表读数的递增值和累计值，必要时还应进行换算和修正，然后用曲线或图表表达。

在原始记录数据整理过程中，应特别注意读数及读数差值的反常情况，如仪表指示值与理论计算值相差很大，甚至有正负号颠倒的情况，这时应对出现这些现象的规律性进行分析，并判断其原因所在。一般可能的原因有两方面：一方面由于受检结构本身发生裂缝、节点松动、支座沉降或局部应力达到屈服而引起数据突变；另一方面也可能是由于测试仪表工作不正常所造成。凡不属于差错或主观造成的仪表读数突变都不能轻易舍弃，待以后分析时再做判断处理。

将在各级荷载作用下取得的读数，按一定坐标系绘制成曲线，既能充分表达其内在规律，也有助于进一步用统计方法找出数学表达式。

适当选择坐标系将有助于确切地表达试验结果，直角坐标系只能表示两个变量间的关系。有时会遇到因变量不止两个的情况，这时可采用"无量纲变量"作为坐标来表达。

选择试验曲线时，尽可能用比较简单的曲线形式，并应使曲线通过较多的试验点，或曲线两边的点数相差不多。一般靠近坐标系中间的数据点可靠性更好，两端的数据可靠性稍差。常用试验曲线有：

1. 荷载-变形曲线

荷载-变形曲线有结构构件的整体变形曲线、控制节点或截面上的荷载-转角曲线、铰支座和滑动支座的荷载-侧移曲线以及荷载-时间曲线和荷载-挠度曲线等。荷载-变形曲线能够充分反映出结构实际工作的全过程及基本性质，在整体结构的挠度曲线以及支座侧移图中都会有相应显示。变形时间曲线表明结构在某一恒定荷载作用下变形随时间增长规律。变形稳定的快慢程度与结构材料及结构形式等有关，如果变形不能稳定，说明结构有问题，具体情况应作进一步分析。

2. 荷载-应变曲线

钢筋混凝土受弯构件试验，要求测定控制截面上的内力变化及其与荷载的关系、主筋的荷载-应变及箍筋应力（应变）和剪力的关系等。

3. 构件裂缝及破坏特征图

试验过程中，应在构件上按裂缝开展面画出裂缝开展过程，并标注出现裂缝时的荷载等级及裂缝的走向和宽度。待试验结束后，用方格纸按比例描绘裂缝和破坏特征，必要时应照相记录。

根据检验的结构类型、荷载性质及变形特点等，还可绘出一些其他的特征曲线，如超静定结构的荷载-反力曲线、某些特定节点上的局部挤压和滑移曲线等。

7.2.8　结构性能评定

根据检验的任务和目的的不同，试验结果的分析和评定方式也有所不同。

1. 受弯构件的挠度检验

当按《混凝土结构设计标准》GB/T 50010—2010（2024 年版）规定的挠度允许值进行检验时，应满足下式要求：

$$a_s^0 \leqslant [a_s] \tag{7.2-2}$$

对于钢筋混凝土受弯构件

$$[a_s] = [a_f]/\theta \tag{7.2-3}$$

对预应力混凝土受弯构件

$$[a_s] = \frac{M_k}{M_q(\theta - 1) + M_k}[a_f] \tag{7.2-4}$$

式中：a_s^0——在使用状态试验荷载作用下，构件的挠度实测值，应考虑支座沉降、自重等修正；

 $[a_s]$——挠度检验允许值；

 $[a_f]$——受弯构件挠度限值；

 M_q——按荷载长期效应组合（准永久组合）计算的弯矩值；

 M_k——按荷载短期效应组合（标准组合）计算的弯矩值；

 θ——考虑荷载长期效应组合对挠度增大的影响系数，按《混凝土结构设计标准》GB/T 50010—2010（2024 年版）取值。

2. 构件裂缝宽度检验

构件裂缝宽度检验应符合下式要求：

$$w^0_{s,\max} \leqslant [w_{\max}] \tag{7.2-5}$$

式中：$[w_{\max}]$——构件的最大裂缝宽度检验允许值，按表 7.2-2 取用。

构件的最大裂缝宽度检验允许值   表 7.2-2

设计规范的限值 w_{lim}/mm	检验允许值 $[w_{\max}]$/mm
0.10	0.07
0.20	0.15
0.30	0.20
0.40	0.25

7.2.9 试验报告

结构性能荷载试验报告包括以下内容：

（1）试验概况：试验背景、试验目的、构件名称、试验日期、试验单位、试验人员和记录编号等。

（2）试验方案：试件设计（选取）、加载设备及加载方式、量测方案。

（3）试验记录：记录加载程序、仪表读数、试验现象的数据、文字、图像及视频资料。

（4）结果分析：试验数据的整理，试验现象及受力机理的初步分析。

（5）试验结论：根据试验及分析结果得出的判断及结论。

试验报告应准确全面，应满足试验目的和试验方案的要求，对于试验数据的数字修约应满足运算规则，计算精度应符合相应的要求，试验报告中的图表应准确、清晰，必要时还应进行试验参数与试验结果的误差分析。

试验记录及试验报告应分类整理，妥善存档保管。

7.2.10 检测案例分析

某项目预制楼梯荷载试验（合格性检验）。

1）加载方案

根据《混凝土结构工程施工质量验收规范》GB 50204—2015 第 9.2.2 条，本次结构性能检验包括承载力、挠度和裂缝宽度检验。检验荷载按以下规定：

挠度和裂缝宽度检验荷载根据《建筑结构荷载规范》GB 50009—2012，按照荷载准永久组合值确定，即：

$$S_{\mathrm{d}} = \sum_{j=1}^{m} S_{G_{jk}} + \sum_{i=1}^{n} \psi_{\mathrm{q}i} S_{Q_{ik}} \tag{7.2-6}$$

其中，楼梯附加装修恒载为 1.5kN/m²，活荷载标准值为 3.5kN/m²，准永久值系数为 0.3。扣除构件自重后，试验施加的最大荷载为 $1.5 + 0.3 \times 3.5 = 2.55\mathrm{kN/m^2}$。荷载共分 5 级施加，每级 0.51kN/m²。

结构构件承载力检验荷载应根据结构构件承载能力极限状态荷载效应组合的设计值确定，即：

$$S_{\mathrm{d}} = \sum_{j=1}^{m} \gamma_{G_j} S_{G_{jk}} + \gamma_{Q_1} \gamma_{L_1} S_{Q_{ik}} \tag{7.2-7}$$

其中，楼梯恒载为：$6.0 + 1.5 = 7.5\mathrm{kN/m^2}$

根据《混凝土结构工程施工质量验收规范》GB 50204—2015 附录 B 的表 B.1.1，预制构件受弯的承载力检验系数允许值γ为 1.20～1.55；本次试验按 $\gamma = 1.5$ 计算。恒、活荷载分项系数分别取值 1.3 和 1.5。因此扣除自重后，试验施加的最大荷载应为：

$$1.5 \times (1.3 \times 7.5 + 1.5 \times 3.5) - 6.0 = 16.5\mathrm{kN/m^2} \tag{7.2-8}$$

使用阶段荷载后，每级加载值取 0.1 倍承载力检验最大荷载，即每级 1.65kN/m²。

结构性能检验加载级别及荷载值见表 7.2-3。

结构性能检验加载级别及荷载值　　　　　　　　表 7.2-3

加载级别	荷载值/（kN/m²）	性能检验类别
1	0.51	挠度检验 裂缝宽度检验
2	1.02	
3	1.53	
4	2.04	
5	2.55	
6	4.20	承载力检验
7	5.85	
8	7.50	
9	9.15	
10	10.80	
11	12.45	
12	14.10	
13	15.75	
14	16.50	

2）测量方案

根据试验目的及现场实际情况，在楼梯共布置 10 个挠度测点（支座、中点、1/4 点），具体见图 7.2-2。现场试验时，在地面搭设钢架作为百分表的支撑，利用登高设备读取百分表读数,在加载过程中的各级荷载作用下观测各测点的挠度发展情况;同时观测楼梯在试验过程中是否出现裂缝,以及裂缝如何发展。构件架设至支承装置前后,应测量由于构件自重引起的挠度。

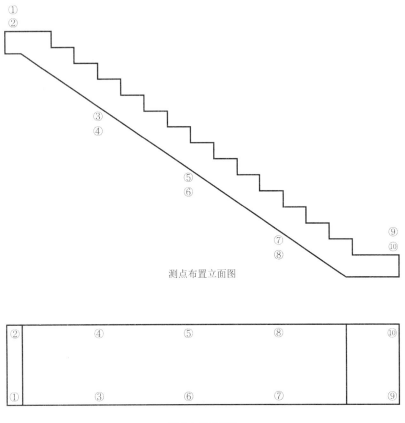

测点布置立面图

测点布置平面图

图 7.2-2　测点布置图

3)终止加载条件

当出现下列情况之一时,终止加载:

(1)完成单调加载的全过程。

(2)试验构件的变形超过规范限定值($l_0/50$,l_0为楼梯净跨)。

(3)试验构件出现达到承载能力极限状态的检验标志,如:受拉主筋处的最大裂缝宽度达到 1.5mm、受压区混凝土破坏、受拉主筋拉断。

4)结构性能检验合格判定标准

(1)挠度检验:$\alpha_s^0 \leqslant [\alpha_s]$

对钢筋混凝土受弯构件,挠度检验允许值$[\alpha_s]$采用下式计算:

$$[\alpha_s] = [\alpha_f]/\theta \tag{7.2-9}$$

式中:$[\alpha_s]$——挠度检验允许值;

　　　　θ——考虑荷载长期效应组合对挠度增大的影响系数,按国家标准《混凝土结构设计标准》GB/T 50010—2010(2024 年版)的有关规定取用,本次试验取

$\theta = 2.0$;

$[\alpha_\text{f}]$——构件挠度设计的限值，按国家标准《混凝土结构设计标准》GB/T 50010—2010（2024 年版）的有关规定取用，本次试验取$[\alpha_\text{f}] = l_0/200$（$l_0$为楼梯净跨，本项目中为 3500mm）。因此$[\alpha_\text{s}] = 3500/400 = 8.75\text{mm}$（包含梯板自重引起的挠度）。

（2）裂缝宽度检验：$w_{\text{s,max}}^0 \leqslant [w_{\max}]$

室内干燥环境，环境类别：一类；裂缝控制等级：三级；

设计规范的限值$w_{\lim} = 0.30\text{mm}$，检验允许值$[w_{\max}] = 0.20\text{mm}$

（3）承载力检验：构件未出现任一承载能力极限状态的检验标志，如：受拉主筋处的最大裂缝宽度达到 1.5mm、挠度达到跨度的 1/50、受压区混凝土破坏、受拉主筋拉断。

5）试验数据

（1）楼梯在挠度、裂缝宽度检验及承载力检验试验过程中未出现明显可见裂缝。

（2）试验过程中，楼梯在挠度、裂缝宽度检验阶段和承载力检验阶段分别在最大荷载作用下出现跨中最大挠度，构件各检验阶段跨中最大挠度值详见表 7.2-4。

构件跨中最大挠度校核　　　　　　　　表 7.2-4

构件	最大挠度值/mm	挠度限值/mm	检验阶段
预制楼梯	0.52	2.61	挠度检验 裂缝宽度检验
	3.45	44.5	承载力检验

6）试验结论

（1）预制楼梯在挠度、裂缝宽度检验阶段的最大挠度值为 0.52mm，小于挠度检验允许值，试验过程中未出现明显可见裂缝。

（2）预制楼梯在承载力检验阶段试验过程中挠度发展稳定，当加载到最大荷载时，构件未出现明显可见裂缝，未出现达到承载力极限状态的检验标志。

综上所述，该项目预制楼梯结构性能的检验结果满足规范要求。

7.3　结构动力测试

7.3.1　概述

结构动载试验测试包含结构动力测试、振动测试，各种类型的工程结构都可能受到动力荷载的作用。例如：地震使结构产生惯性力，风使结构产生振动；工业厂房中的吊车，行驶在公路或铁路桥梁上的汽车、火车施加的荷载，都是典型的动力荷载。结构动载试验可根据荷载作用的时间和反复作用的次数做出如下分类：

1. 爆炸或冲击荷载试验

爆炸或冲击荷载试验的目的就是模拟实际工程结构所经受的爆炸或冲击荷载作用以及结构的受力性能。在这类试验中，荷载持续时间短，从千分之几秒到几秒；荷载的强度大，作用次数少，往往是一次荷载作用就可以使结构进入破坏甚至倒塌状态。结构抗爆试验大多直接利用炸药产生的爆轰波作用于试验结构，而抗冲击试验的主要加载设备为落锤试验机。

2. 结构抗震试验-地震模拟振动台试验

地震是迄今为止对人类生活环境造成最大危害的自然灾害之一。地震中生命财产的损失主要来源于工程结构的破坏。结构抗震试验的目的就是通过试验掌握结构的抗震性能，进而提高结构的抗震能力。地震模拟振动台试验是结构抗震试验的一种主要类型。在地震模拟振动台试验中，安放在振动台上的试验结构受到类似于地震的加速度作用而产生惯性力。振动台试验中，地震作用时间从数秒到十余秒，反复次数一般为几百次到上千次。模拟地震的强度范围可以从使结构产生弹性反应的小震到使结构破坏的大震。

3. 抗连续倒塌试验

连续倒塌是指结构的局部破坏导致结构整体倒塌。典型的实例是 2001 年 9 月 11 日，美国纽约世界贸易中心的两栋超高层建筑因恐怖袭击而导致的连续倒塌。结构抗连续倒塌试验的主要目的不在于引起结构连续倒塌的局部破坏，而是结构发生局部破坏后的结构整体性能。例如，多层框架结构的某一根柱破坏后，结构的内力分布变化规律以及变形性能。由于结构发生局部破坏多具有突然性，相应结构整体性能应从动载试验中考察。因此，结构抗连续倒塌试验属于动载试验。

4. 结构疲劳试验

工业厂房中的吊车梁受到吊车的重复荷载作用，公路或铁路桥梁受到车辆重力的重复作用，这种重复作用可能使结构构件产生内部损伤并疲劳破坏，缩结构使用寿命。疲劳试验按一定的规则模拟结构在整个使用期内可能遭遇的重荷载作用，对于钢筋混凝土和预应力混凝土结构，疲劳试验的重复作用次数一般为 200 万次；对于钢结构，重复荷载作用次数可以达到 500 万次或更多。疲劳试验中，重复荷载作用的频率一般不大于 10Hz，最大试验荷载通常小于结构静力破坏荷载的 70%。

5. 结构振动试验

使结构产生振动的原因大体可分为两类：一类是包括工业生产过程产生的振动，如大型机械设备（锻锤、冲压机、发电机等）的运转，吊车的水平制动力，车辆在桥梁结构上行驶；另一类是自然环境因素使结构产生振动，如高层建筑和高耸结构在强风下的振动。结构振动的危害表现在几个方面：影响精密仪器或设备的运行，引起人不舒服的感觉，强度较大的振动加速结构的疲劳破坏等。结构振动试验的主要目的是获取结构的动力特性参数，如自振频率、振型和阻尼比等。例如：为了评价结构的振动环境，还常常进行实际结构的现场振动测试；为了研究结构的动力性能，土-结构相互作用，有时还采用强迫激振或其他激振方法使结构产生振动。

一般而言，结构动载试验区别于静载试验的标准是：在结构试验中，惯性力这一影响因素是否可以忽略不计。如果惯性力影响很小，则为静载试验，否则为动载试验。此外，也可以根据试验中加载的速率来区分动载试验和静载试验。在结构抗震试验中，还有两种试验也常常被归入动载试验：

（1）低周反复荷载试验

结构在遭遇强烈地震时，反复作用的惯性力使结构进入非弹性状态。地震拟振动台试验的结构尺寸较小，侧重于结构的宏观反应。而在低周反复荷载试验中，加载速率较低，但可以对足尺或接近足尺的结构施加较大的反复荷载，研究结构构件在反复荷载作用下的承载能力和变形性能。这种类型的结构试验在一个方面反映了结构在地震作用下的性能。反复荷载的次数一般不超过 100 次，加载的周期从每次 2s 到每次 300s 不等。

（2）结构拟动力试验

结构拟动力试验采用计算机和试验机联机进行结构试验，以较低的加载速率使结构经历地震作用，控制试验进程的为数字化输入的地震波，利用计算机进行结构地震反应分析，将结构在地震中受到的惯性力通过计算转换为静力作用施加到结构上，模拟结构的实际地震反应。结构受到反复荷载作用的次数与地震模拟振动台试验的次数相当。

上述两种结构试验方法都采用较低的加载速率，但试验荷载都具有反复作用的特征，试验研究的目的也都是为了解结构在遭遇地震时的结构抗震性能，有十分明确的动力学意义。因此，也可认为它们属于动载试验。

结构动载试验与静载试验相比较，有下列不同之处：

① 在动载试验中，施加在结构上的荷载随时间连续变化。这种变化不仅仅是大小的变化，还包括了方向的变化。随时间变化的反复作用荷载对试验装置和测量仪器都有不同于静载试验的要求，动载试验获取的信息量远大于静载试验的信息量。

② 结构在动荷载作用下的反应与结构自身的动力特性密切相关。例如：在地震模拟振动台试验中，试验模型受到的惯性力与模型本身的刚度和质量有关；在疲劳试验中，试验结构或构件的运动也产生惯性力。因此，加速度、速度、时间等动力学参量成为结构动载试验中的主要参量。

③ 动力条件下，结构的承载能力和使用性能的要求发生变化。例如：在钢筋混凝土结构的抗震试验中，一般不以裂缝宽度作为控制试验进程的标准，最大试验荷载也不能单独作为衡量结构抗震性能的指标；通过振动试验获取的结构动力特性参数，往往不用来评价结构的安全性能，而是与人的舒适度感觉相联系。

④ 冲击和爆炸作用下，结构在很短的时间内达到其极限承载能力。钢材混凝土等工程材料的力学性能随加载速度而变化。这类结构试验中，试验技术、加载设备和试验方法与静载试验有着很大的差别。

⑤ 结构动载试验的种类很多，对不同的试验目的采用不同的试验方法，因而得到不同的试验结果。在这个意义上，静载试验可看作动载试验的一个特例。

本节主要介绍结构检测鉴定过程中结构动力测试和振动测试的加载设备、常用的仪器仪表，结构动力测试和振动测试方法和要求。

7.3.2 检测仪器设备、方法和步骤

1. 检测仪器设备要求

使用动态数据采集系统，通常包括低频高灵敏度传感器、电荷电压放大器、抗滤波器、动态信号采集仪，计算机和数据处理软件。信号采集与分析系统宜采用多通道，模数转换

器（A/D）位数不宜小于 12 位；测试仪器应每年在标准振动台上进行系统灵敏度系数的标定，以确定灵敏度系数随频率变化的曲线。传感器、放大器、滤波器等均应有主管计量部门检验的合格证书。

2. 检测方法和步骤

1）准备工作

（1）试验前需收集和研究该建筑结构或构件的原始资料（结构形式、层高、荷载分布情况等）、设计计算书和施工资料，并应对建筑进行实地勘察，检查其设计和施工质量状况；制定试验方案，制订具体实施计划及试验安全措施方案。

（2）确定试验内容

根据试验对象的要求，选择测试结构或构件的自振频率、振型和阻尼比等以及结构或构件受振动源激励后的位移、速度、加速度以及动应变等。其中基本振型应视结构或构件的特点，测试结构平面内 X、Y 方向的振型。对于高层建筑和特殊要求的建筑还需要测量其扭转振型。

（3）编制检测方案

① 检测方案主要内容：

a. 工程概况：包括工程位置、建筑面积、结构类型、层数、装修情况、竣工日期、用途、使用状况、地震设防等级、环境状况以及设计、施工、监理、建设、委托单位等。

b. 检测目的和项目。

c. 检测依据：包括检测方法、质量标准、检测规程和有关技术资料。

d. 选定的检测方法及数量：包括各种构件的统计数量，确定批量，确定抽样方式及数量。

e. 检测人员构成和仪器设备。

f. 检测工作流程和时间、进度安排。

g. 所需要配合工作，特别是需要委托方配合的工作。

h. 检测中的安全及环保措施。

② 检测方案编制要求

检测方案应根据委托方要求、现状和现场条件及相关标准进行编制。检测方案应征求委托方的意见，并应经过审核、批准后才能实施。

a. 编制检测方案一定要符合实际情况，根据具体工程安排人力、设备和工作进程、防止闭门造车。

b. 编写前要充分查看已有的资料，掌握结构体系、结构类型、施工情况及已发现的问题，做到心中有数。

c. 现场调查结果要有清晰的概念，结合资料所提供的信息，对检测的主要目的进行分析，并体现在方案中。

d. 对检测数量和方法，应检测随机与重点相结合的原则，做到由点及面、点面结合。

e. 进度技术要留余地，实事求是。

f. 标明检测项目的抽样位置。

g. 重大工程和新型结构体系的项目，应根据结构的受力特点制定检测方案并对其进行论证。

③检测方案编制依据

检测标准是编制检测方案，开展检测工作的重要依据。

我国标准分为国家标准、行业标准、地方标准、团体标准和企业标准，并将标准分为强制性标准和推荐性标准两类。在标准选用时应注意标准的有效性，并时刻关注标准的更新，避免使用过期作废的标准。

地方标准是根据当地特殊条件而制订的，在本地区更具有可靠性，行业标准与国家标准相比更专业，但任何标准不应违背国家标准。在现行有效期内，如不考虑其他因素时，正常选用顺序是：地方标准、行业标准、国家标准。当地方标准不能全面覆盖时，应将地方标准与行业标准配套使用。

对于检测方案编制依据主要有：

a.《建筑结构检测技术标准》GB/T 50344—2019。

b.《混凝土结构试验方法标准》GB/T 50152—2012。

c.《住宅建筑室内振动限值及其测量方法标准》GB/T 50355—2018。

④激振方式

原位测试结构或构件的自振频率、基本振型和阻尼比时，激振方式宜采用天然脉动条件下的环境激励方式，测试时应避免外界机械、车辆等引发的振动。

需要测试结构平面内多个振型时，宜选用稳态正弦扫频激振法，而且宜采用旋转惯性机械起振机，也可以采用液压伺服激振器，使用频率范围 0.5～30Hz（对于高层建筑应采用更低频率的激振装置），频率分辨率应高于 0.01Hz。

机械激振振动时应正确选择激振器的位置，合理选择激振力，防止引起被测试结构的振型畸变，当激振器安装在楼板上时，应避免楼板的竖向自振频率和刚度的影响。

2）传感器的安装

（1）根据图纸和实地勘察，确定传感器安装位置，传感器安装的位置能反映结构或构件的动力特性。

（2）对于平面内的振型测试，传感器应放置在结构或构件的质心部位，对于扭转的测量应沿 X 方向或 Y 方向在建筑结构的两端成对布置，传感器测试方向相反。

（3）传感器应可靠地和结构连接，应粘结在结构本体上，不可安装在装饰材料上或粉刷材料上。传感器数量根据测试的要求确定，尽量能一次性将所需测点布置完毕。当传感器数量不够，可采用跑点法测量（确定一个不动点作为参考点，其余各点在各个需要的测点上逐次放置），这种方法常用于高层建筑或长距离结构的测量。

3）测试仪器的架设

根据现场情况，确定采集设备（基站）的放置地点，对于小于 7 层的多层建筑，通常选择中间楼层，这样可以缩短连线，提高测试效率。对于高层建筑和特殊结构在采用跑点法进行测量时，可以移动基站，以方便测量。

4）仪器预调试

按次序将编号定位的传感器接入测试系统，给各测点一个振动以检查系统是否正常，并调好放大器增益和滤波，根据测试中可能出现的最高频率确定采样频率。

5）试验和数据采集

地脉动信号是由一系列脉动源产生的来自各种类型的复杂集合，某一点观测到的地脉动信号是随机的，同时地脉动信号振幅值很微小，即便是微弱的干扰都会造成地脉信号大幅度变化。因此，为消除这种偶然干扰，应增加测量的时间长度，通过统计予以消除。要求采样时间不小于 20min，建议采样时间 30~60min，同时应确保测试现场不应有其他振源和人为干扰。

6）试验数据分析处理

数据处理前可以对零点漂移和失真进行调整，也可以根据测试要求进行数字滤波。

① 采样频谱分析法，采用富氏变换，每个样本数据宜采用 1024 个点；采样间隔宜取 0.01~0.02s，并加窗函数处理；频域平均次数不宜少于 32 次。将测得的时域信号进行频域分析，得到各层楼的幅值谱和自功率谱，基频频率应按下列规定确定：

a. 按谱图中最大峰值所对应的频率确定。

b. 当谱图中出现多峰而且各峰的峰值相差不大时，可在谱分析的同时，进行相关或互谱分析，以便对脉动频率进行综合评价，建筑结构的振动周期应根据基频频率确定，并应按下列公式计算：

$$T = 1/f \tag{7.3-1}$$

式中：T——振动周期（s）；

f——基频频率（Hz）。

② 通过传递函数的分析，分别求出各个方向上和各层信号间的幅值比、相位关系以及相干系数等，求得各测点之间的关系，得出结构各个方向的振型图。

脉动幅值的确定应符合下列规定：

a. 脉动幅值应取实测脉动信号的最大幅值。

b. 确定脉动信号的幅值时，应排除人为干扰信号的影响。

③ 测试数据处理后应根据需要提供被测试结构或构件的自振频率、阻尼比和振型，以及动力反应最大幅值、时程曲线、频谱曲线等相关的原始记录表格名称、编号。

7.3.3 结构动力测试方法和要求

重要、大跨度或对振动有特殊要求的构件和建筑，检测结构或构件在正常使用过程中的动力特性，项目包括结构或构件的自振频率、振型和阻尼比等以及结构或构件受振动源激励后的位移、速度、加速度、动应变等。

1. 基本规定

（1）建筑结构的动力特性，可根据结构的特点选择下列方法：

① 结构的基本振型，宜选用环境振动法、初位移法等方法测试。

② 结构平面内有多个振型时，宜选用稳态正弦波激振法进行测试。

③ 结构空间振型或扭转振型宜选用多振源相位控制同步的稳态正弦波激振法或初速度法进行测试。

④ 评估结构的抗震性能时，可选用随机激振法或人工爆破模拟地震法。

（2）结构动力测试设备和测试仪器应符合下列要求：

① 当采用稳态正弦激振的方法进行测试时，宜采用旋转惯性机械起振机，也可采用液压伺服激振器，使用频率范围宜为 0.5~30Hz，频率分辨率不应小于 0.01Hz。

②对加速度仪、速度仪或位移仪，可根据实际需要测试的振动参数和振型阶数进行选取。

③仪器的频率范围应包括被测结构的预估最高和最低阶频率。

④测试仪器的最大可测范围应根据被测结构振动的强烈程度选定。

⑤测试仪器的分辨率应根据被测结构的最小振动幅值选定。

⑥传感器的横向灵敏度应小于 0.05。

⑦在进行瞬态过程测试时，测试仪器的可使用频率范围应比稳定测试时大一个数量级。

⑧传感器应具备机械强度高、安装调节方便、体积重量小、便于携带、防水、防电磁干扰等性能。

⑨记录仪器或数据采集分析系统、电平输入及频率范围，应与测试仪器的输出相匹配。

2. 测试要求

（1）环境振动法的测试应符合下列规定：

①测试时应避免或减小环境及系统干扰。

②当测量振型和频率时，测试记录时间不应少于 5min；当测试阻尼时，测试记录时间不应少于 30min。

③当需要多次测试时，每次测试应至少保留一个共同的参考点。

（2）机械激振振动测试应符合下列规定：

①选择激振器的位置应正确，选择的激振力应合理。

②当激振器安装在楼板上时，应避免楼板的竖向自振频率和刚度的影响，激振力传递途径应明确合理。

③激振测试中宜采用扫频方式寻找共振频率。

④在共振频率附近测试时，应保证半功率带宽内的测点不少于 5 个频率。

（3）施加初位移的自由振动测试应符合下列规定：

①拉线点的位置应根据测试的目的进行布设。

②拉线与被测试结构的连接部分应具有可靠传力的能力。

③每次测试应记录拉力数值和拉力与结构轴线间的夹角。

④量取波值时，不得取用突然衰减的最初 2 个波。

⑤测试时不应使被测试结构出现裂缝。

3. 数据处理

（1）时域数据处理应符合下列规定：

①对记录的测试数据应进行零点漂移、记录波形和记录长度的检验。

②被测试结构的自振周期，可在记录曲线上相对规则的波形段内取有限个周期的平均值。

③被测试结构的阻尼比，可按自由衰减曲线求取；当采用稳态正弦波激振时，可根据实测的共振曲线采用半功率点法求取。

④被测试结构各测点的幅值，应用记录信号幅值除以测试系统的增益，并应按此求得振型。

（2）频域数据处理应符合下列规定：

① 采样间隔应符合采样定理的要求。

② 对频域中的数据应采用滤波、零均值化方法进行处理。

③ 被测试结构的自振频率，可采用自谱分析或傅里叶谱分析方法求取。

④ 被测试结构的阻尼比，宜采用自相关函数分析、曲线拟合法或半功率点法确定。

⑤ 对于复杂结构的测试数据，宜采用谱分析、相关分析或传递函数分析等方法进行分析。

（3）测试数据处理后，应根据需要提供被测试结构的自振频率、阻尼比和振型，以及动力反应最大幅值、时程曲线、频谱曲线等分析结果。

7.3.4 建筑振动测试

建筑的振动或晃动的评定宜进行结构动力特性的测试、振动源情况的测试和振动源发生振动时既有建筑动力响应的测试。

建筑的动力特性宜按本节规定的方法进行测试。当环境振动涉及围护结构或特定构配件时，应测定围护结构或特定构配件的动力特性。

建筑动力响应，应在振动源发出振动时进行测试。在进行动力响应测试时，宜测定振动源发出振动的特性。

外部地面振动源的振动特性测试，宜按现行国家标准《城市区域环境振动测量方法》GB 10071 的有关规定执行，其地面测点之一宜布置在离既有建筑 5m 范围内的平坦坚实地面上；当需要判定振动源相对准确的位置时，宜根据既有建筑与初步判定外界振动源的相对位置，增设布置近点和远点测点各一处。

对于偶发且已判定位置的外部地面振动源，可采取模拟振动或重复发振的方式。

对爆破引起的地面冲击性振动，应测试爆破时各测点的地面峰值振动速度和主振频率，对非爆破因素引起的地面冲击性振动，宜测试地面加速度。

建筑内部的设备设施和撞击等振动源振动特性的测点应布置在振动源的附近。

建筑动力响应的测点应布置在建筑物内部，并宜符合下列规定：

（1）对于外部地面振动源的情况，动力响应的测点宜布置在建筑的首层，其余楼层可逐层或隔层布置测点；当有地下室时，宜在最底层的地下室底板设置测点。

（2）各楼层的动力响应测试，宜在顺振源的方向上布置若干个测点。

受风或爆炸冲击波等影响的建筑，宜在迎向气流方向的轻型围护结构上布置动力响应的测点。

动力响应的各测点，宜布置两个水平方向和竖向的振动测试传感器。

建筑动力响应测试仪器的频率范围应为 0.1～200Hz，且应有足够的幅值动态范围。

建筑动力响应的测试应获得下列测试数据：

（1）外部振动源的地面振动传至建筑附近时的振动频率和振动幅度等数据。

（2）风和外部爆炸气流在建筑上的作用过程。

（3）建筑动力响应各测点的振动频谱、振动峰值、主振频率等。

（4）振动源的振动与建筑的动力响应吻合时，可判定该振动源是造成既有建筑振动或晃动的因素。

对于不能获得振动源足够能量影响的建筑，其最不利动力响应情况可采用实测动力响应结合模拟计算分析的方法确定。

7.3.5 检测案例分析

某建筑动力测试检测报告。

1）工程概况

某五层钢筋混凝土框架结构，建筑面积约 1561m²，建造时间约为 2005 年。业主欲对该楼进行改造升级，为了解该楼结构的动力特征，对该建筑进行动力测试，现根据现场试验结果提出某建筑动力测试检测报告。

2）检测目的

通过对该建筑进行动力测试，测定结构自振频率，并与理论值进行对比分析，鉴定建筑结构的刚度变化。

3）检测依据

（1）《建筑结构检测技术标准》GB/T 50344—2019。

（2）《混凝土结构试验方法标准》GB/T 50152—2012。

（3）《建筑结构荷载规范》GB 50009—2012。

（4）委托方提供的有关设计文件和资料。

4）主要仪器

检测仪器主要包括：

（1）多通道动态信号测试分析系统 DH5981。

（2）电磁式速度传感器 DH610H（水平向）。

（3）数码相机等。

（4）动力测试。

① 检测内容

根据建筑平面布置情况以及前期踏勘现场情况，拟在建筑物每层结构的质心部位布设 1 个测点，共 5 个测点，测点布置及加速度安装位置具体位置见表 7.3-1。测试时间为当天中午，现场具体检测所需时间以现场测试到有效的振动信号为准。记录以下数据：

a. 该建筑各测点水平面内 X 向、Y 向振动加速度。

b. 该建筑 X 向、Y 向结构自振频率。

c. 该建筑振型。

测点布置   表 7.3-1

楼号	测点序号	测点楼层	测点位置	备注
××	C-1	2 层楼面	8-9 × A-1/A 轴线靠近 8 轴之间	—
	C-2	3 层楼面	8-9 × A-1/A 轴线靠近 8 轴之间	
	C-3	4 层楼面	8-9 × A-1/A 轴线靠近 8 轴之间	
	C-4	5 层楼面	8-9 × A-1/A 轴线靠近 8 轴之间	
	C-5	顶层屋面	8-9 × A-1/A 轴线靠近 8 轴之间	

注：该建筑布设加速度传感器的位置 2 层及顶层的 8-9 × A-1/A 轴线靠近 8 轴之间，每层布设的位置大致在竖向同一个位置，此处测试时 X 向对应楼的东西向，Y 向对应楼的南北向。

②振动检测分析方法

依据业主提供的该建筑设计图纸进行结构建模，计算出该建筑的结构基本周期，或者根据规范给出的周期经验公式计算出结构基本周期，然后与实测的结构自振频率（周期）做对比分析，以此来检查结构刚度变化情况。

③振动测试

现场加速度传感器安放如图 7.3-1 所示，采集数据装置如图 7.3-2 所示。

图 7.3-1　现场加速度传感器安装图

图 7.3-2　振动测试数据接收端

④振动测试结果

提取该建筑共两个测点Y向及X向的振动时程曲线，部分时程曲线见图 7.3-3 和图 7.3-4，加速度最大幅值见表 7.3-2。

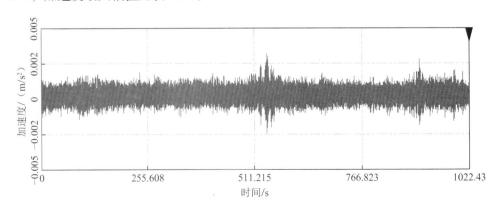

图 7.3-3　顶层Y向（南北向）加速度时程曲线

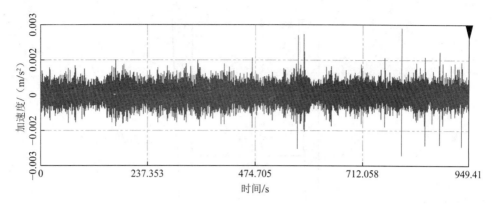

图 7.3-4　顶层 X 向（东西向）加速度时程曲线

测试结果汇总表　　　　　　　　　　　　　　　　　　　表 7.3-2

楼层	方向	加速度/（mm/s²）
顶层	Y 向（南北向）	4.76
	X 向（东西向）	2.68
五层	Y 向（南北向）	3.29
	X 向（东西向）	2.43
四层	Y 向（南北向）	3.21
	X 向（东西向）	1.94
三层	Y 向（南北向）	2.84
	X 向（东西向）	1.83
二层	Y 向（南北向）	1.76
	X 向（东西向）	1.23

⑤ 自振特性及测试分析结果

通过对现场实测振动曲线分析，可得到该建筑 X 向（东西向）一阶自振频率为 3.516Hz，一阶自振周期为 0.284s；Y 向（南北向）一阶自振频率为 2.441Hz，一阶自振周期为 0.410s，实测一阶振型曲线见图 7.3-5。该建筑 Y 向及 X 向振动频率功率谱曲线如图 7.3-5 所示。

(a) 该建筑 X 向第一阶振型曲线（频率 3.516Hz，阻尼比 0.088）

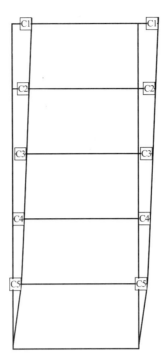

(b) 该建筑Y向第一阶振型曲线（频率 2.441Hz，阻尼比 0.093）

图 7.3-5　振型曲线

⑥ 周期对比

该建筑总高度为 18.15m，宽度为 7.3m，根据《建筑结构荷载规范》GB 50009—2012 附录 F.2.2，钢筋混凝土框架结构的基本自振周期按下式计算：

$$T_1 = 0.25 + 0.53 \times 10^{-3} \frac{H^2}{\sqrt[3]{B}} \qquad (7.3\text{-}2)$$

式中：H——房屋总高度（m）；

　　　B——房屋宽度（m）。

经计算该建筑基本周期为 0.296s；采用中国建筑科学研究院开发的多高层建筑结构分析程序 PKPM 系列软件对该建筑进行分析计算，该楼基本周期为 1.095s，见表 7.3-3。结果表明，实测值周期比经验值大，与 PKPM 软件计算值相比偏小，说明该建筑主体结构刚度暂时未发现退化，同时由于该楼含有大量的填充墙在对结构的刚度起到一定的加强作用，因此实测值与 PKPM 计算值相比偏小。

周期对比　　　　　　　　　　　　　　　　　　　　　　　　表 7.3-3

项目	经验值	实测值	PKPM
基本周期/s	0.296	0.410	1.095

（5）检测结论

通过对该楼工程振动情况进行测试，实测值周期比经验值大，与 PKPM 软件计算值相比偏小，说明该建筑主体结构刚度暂时未发现退化，同时由于该楼含有大量的填充墙在对结构的刚度起到一定的加强作用，因此实测值与 PKPM 计算值相比偏小。

第8章

装饰装修工程

8.1 概述

建筑装饰装修工程简称建筑装饰。建筑装饰是为保护建筑物的主体结构、完善建筑物的物理性能、使用功能和美化建筑物，采用装饰装修材料或饰物对建筑物的内外表面及空间进行的各种处理过程。建筑装饰是人们生活中不可缺少的一部分，是人类品味生活、品味人生的重要朋友。由于现代人生活节奏的加快，会使人们的神经紧张，下班后想真正地放松一下，需要家的温暖。所以，保证建筑装饰工程的工程质量尤为重要，加强对装饰工程质量检验，对确保工程按规范、操作规程及设计规定施工，具有不可忽视的作用；装饰装修工程质量检测是装饰装修工程质量的基础和最有效的技术保证。

根据相关规定，常用的装饰装修工程检测内容包括：抹灰工程、外墙防水工程、门窗工程、吊顶工程、轻质隔墙工程、饰面板工程、饰面砖工程、幕墙工程、涂饰工程、裱糊与软包工程、细部工程等。本章主要对后置预埋件现场拉拔工程、饰面砖粘结工程及抹灰工程粘结质量三种项目的现场检测方法、合格评定标准分别进行阐述。

8.2 基本规定

装饰装修工程主要有以下基本规定：

（1）建筑装饰装修工程必须进行设计，并出具完整的施工图设计文件。

（2）承担建筑装饰装修工程设计的单位应具备相应的资质，并应建立质量管理体系。由于设计原因造成的质量问题应由设计单位负责。

（3）建筑装饰装修设计应符合城市规划、消防、环保、节能等有关规定。

（4）承担建筑装饰装修工程设计的单位应对建筑物进行必要的了解和实地勘察，设计深度应满足施工要求。

（5）建筑装饰装修工程设计必须做主建筑物的结构安全和主要使用功能。当涉及主体和承重结构改动或增加荷载时，必须由原结构设计单位或具备相应资质的设计单位核查有关原始资料，对既有建筑结构的安全性进行核验、确认。

（6）建筑装饰装修工程的防火、防雷和抗震设计应符合现行国家标准的规定。

（7）当墙体或吊顶内的管线可能产生冰冻或结露时，应进行防冻或防结露设计。

8.3 装饰装修工程的工作程序与内容

装饰装修工程检测程序如图 8.3-1 所示。接到检测的委托之后，对于重点工程应成立专门的检测组，首先开展对重点项目的调查，包括对该工程实际所用资料的调查、收集，以及现场的实地调查，然后制定检测方案，根据检测方案对装饰装修工程进行检测，并出具检测报告。

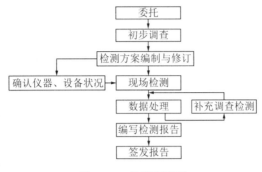

图 8.3-1 检测程序图

8.4 后置埋件现场拉拔试验

后置埋件是通过相关技术手段在既有工程结构上设置的连接件，目前后置埋件主要是通过锚栓进行相连，而锚栓是将被连接件锚固到混凝土基材上的锚固组件。后置埋件的现场拉拔试验主要是通过后置埋件的力学性能检测分析其是否满足设计要求或相关规范要求。

后置埋件锚栓拉拔试验是一种用于评估材料或结构的抗拉性能的试验方法。它通常用于评估建筑物、桥梁、地下隧道等结构中使用的后置埋件锚栓的可靠性和稳定性。该试验通过施加拉力来模拟实际工作条件下的受力情况，以确定锚栓在拉力下的性能。

8.4.1 适用范围

它通常用于评估建筑物、桥梁、地下隧道等结构中使用的后置埋件锚栓的可靠性和稳定性。该试验通过施加拉力来模拟实际工作条件下的受力情况，以确定锚栓在拉力下的性能。

8.4.2 现场检测依据

常用的检测依据有：

（1）《混凝土结构后锚固技术规程》JGJ 145—2013。

（2）《建筑结构加固工程施工质量验收规范》GB 50550—2010。

（3）《混凝土结构加固设计规范》GB 50367—2013。

8.4.3 抽检数量的确定

检测抽检数量应根据选用的检测标准要求和规定进行抽样确定，各规范抽样数量如下。

根据《建筑结构加固工程施工质量验收规范》GB 50550—2010 附录 W.2.3 及根据《混凝土结构后锚固技术规程》JGJ 145—2013 附录 C.2 锚固质量的抽样方式如下：

（1）后锚固件应进行抗拔承载力现场非破损检验，满足下列条件之一时，还应进行破坏性检验：

　　① 安全等级为一级的后锚固构件；

　　② 悬挑结构和构件；

　　③ 对后锚固设计参数有疑问；

　　④ 对该工程锚固质量有疑问。

　　（2）锚固件质量现场检验抽样时，应以同品种、同规格、同强度等级的锚固件安装于锚固件部位基本相同的同类构件为一检验批，并应从每一检验批所含的锚固件中进行抽样。

　　（3）现场破坏性检验宜选择锚固区以外的同条件位置，应取每一个检验批锚固件总数的 0.1% 且不少于 5 件进行检验。锚固件为植筋且数量不超过 100 件时，可取 3 件进行检验。

　　（4）现场非破坏性检验抽检数量，应符合下列规定：

　　① 对重要结构构件及生命线工程的非结构构件，应按表 8.4-1 规定的抽样数量对该检验批的锚栓进行检验。

检验批抽检数量　　　　　　　　　　　　　　　　　　　　表 8.4-1

检验批的锚栓总数	≤ 100	500	1000	2500	≥ 5000
按检验批锚栓总数计算的最小抽样量	20% 且不少于 5 件	10%	7%	4%	3%

　　② 对一般结构构件，应取重要结构构件抽样量的 50% 且不少于 5 件进行检验。

　　③ 对非生命线工程的非结构构件，应取每一检验批锚固件总数的 0.1% 且不少于 5 件进行检验。

8.4.4　现场检测

　　现场检测是检测程序中重要的一环，现场检测要求准确、可靠，并具有一定代表性。因此，现场检测需要有较好的组织，以保证圆满完成检测任务。

1. 准备工作

　　检测前要做好充分的准备，包括：指定项目负责人、确认技术和安全交底，相关人员持证上岗，确保仪器出库完好、仪器计量检验检查合格等。拉拔仪选择过程中需要根据所检植筋的拉拔力大小进行选择，拉拔仪的量程需要在拉拔力的范围内。

2. 安全要求

　　检测人员应服从负责人或安全人员的指挥，不得随便离开检测场地或擅自到其他与检测无关的场地，也不得乱动与检测无关的设备；检测人员应穿戴相关安全衣帽，高空作业前需要检查梯子等登高机具；检测人员在整个工作期间严禁饮酒；对于没有任何保护措施的架空部位，必须由相关技术工种搭好脚手架，并检查合格，不得在无任何保护措施的情况下进行操作。

3. 检测注意事项

　　进场检测后，应按检测方案合理安排工作，使整个检测过程有序进行。

检测过程中至少有 2 人参加，做好检测记录，记录应使用专用的记录纸，要求记录数据准确、字迹清晰、信息完整，不得追记、涂改，如有笔误，应采用杠改法进行修改。

4. 检测仪器

目前锚固力检测的仪器多为穿心式千斤顶。

（1）HC-V3 拉拔仪。

（2）HC-10 拉拔仪。

（3）SW-300 锚杆拉拔仪。

（4）HC-V1 拉拔仪。

5. 加载方式

常用的检验方法分为非破损检验和破损检验，根据不同的加载方式分为连续加载和分级加载，同时根据相关要求和相关规范对其进行锚固检验。

检验中的拉拔力要求根据设计或者设计说明确定，若设计未提供要求，按相关规定进行取值。

根据《建筑结构加固工程施工质量验收规范》GB 50550—2010 附录 W.4 条，锚固拉拔承载力的加荷制度分为连续加荷和分级加荷两种，可根据实际条件进行选用，但应符合下列规定：

（1）非破损检验

① 连续加荷制度

应以均匀速率在 2～3min 时间内加荷至设定的检验荷载，并在该荷载下持荷 2min。

② 分级加荷制度

应将设定的检验荷载均分为 10 级，每级持荷 1min 至设定的检验荷载，且持荷 2min。

非破损检验的荷载检验值应符合规定：对锚栓，应取 $1.3N_t$ 作为检验荷载。

（2）破坏性检验

① 连续加荷制度

对锚栓应以均匀速率控制在 2～3min 时间内加荷至锚固破坏。

② 分级加荷制度

应按预估的破坏荷载值 N_u 作如下划分：前 8 级，每级 $0.1N_u$，且每级持荷 1～1.5min；自第 9 级起，每级 $0.05N_u$，且每级持荷 30s，直至锚固破坏。

《混凝土结构后锚固技术规程》JGJ 145—2013 附录 C.4 拉拔承载力的加荷制度分为连续加荷和分级加荷两种，可根据实际条件进行选用，但应符合下列规定：

（1）非破损检验

① 连续加荷

应以均匀速率在 2～3min 时间内加荷至设定的检验荷载，并在该荷载下持荷 2min。

② 分级加荷制度

应将设定的检验荷载均分为 10 级，每级持荷 1min 至设定的检验荷载，且持荷 2min。

荷载试验荷载值应取 $\min(0.9f_{yk}A_s, 0.8N_{Rk,*})$。$N_{Rk,*}$ 为非钢材破坏承载力标准值，可按《混凝土结构后锚固技术规程》JGJ 145—2013 第 6 章有关规定计算。

（2）破坏性检验

① 连续加荷制度

对锚固应以均匀速率控制在 2~3min 时间内加荷至锚固破坏。

② 分级加荷制度

应按预估的破坏荷载值N_u做如下划分：前 8 级，每级 $0.1N_u$，且每级持荷 1~1.5min；自第 9 级起，每级 $0.05N_u$，且每级持荷 30s，直至锚固破坏。

6. 评定标准

检验的评定标准一般分为单个评定和批评定，根据要求对其进行检测结果评定，一般评定主要为非破坏性评定，各规范的评定标准如下。

根据《建筑结构加固工程施工质量验收规范》GB 50550—2010 附录 W.5.1 非破损检验的评定，应根据所抽取的锚固试样在持荷期间的宏观状态，按下列规定进行：

（1）当试样在持荷期间锚固件无滑移、基材混凝土无裂纹或其他局部损坏迹象出现，且施荷装置的荷载示值在 2min 内无下降或下降幅度不超过 5%的检验荷载时，应评定其锚固质量合格。

（2）当一个检验批所抽取的试样全数合格时，应评定该批为合格批。

（3）当一个检验批所抽取的试样中仅有 5%或 5%以下不合格（不足一根，按一根计）时，应另抽 3 根试样进行破坏性检验。若检验结果全数合格，该检验批仍可评为合格批。

（4）当一个检验批抽取的试样中不止 5%（不足一根，按一根计）不合格时，应评定该批为不合格批，且不得重做任何检验。

根据《混凝土结构后锚固技术规程》JGJ 145—2013 附录 C.5 非破损检验的评定，应根据所抽取的锚固试样在持荷期间的宏观状态，按下列规定进行：

（1）当试样在持荷期间锚固件无滑移、基材混凝土无裂纹或其他局部损坏迹象出现，且施荷装置的荷载示值在 2min 内无下降或下降幅度不超过 5%的检验荷载时，应评定其锚固质量合格。

（2）当一个检验批所抽取的试样全数合格时，应评定该批为合格批。

（3）当一个检验批所抽取的试样中不超过 5%时，应另抽 3 根试样进行破坏性检验。若检验结果全数合格，该检验批仍可评为合格批。

（4）当一个检验批抽取的试样中超过 5%不合格时，应评定该批为不合格批，且不得重做任何检验。

8.4.5 数据处理

现场检测后的数据整理、数据处理、数据分析过程需保证真实性。所以，为确保工作质量、检测数据处理应按如下程序进行：

（1）现场检测结果与设计图纸不符时，应按检测结果为准。

（2）数据整理时，应与原始记录保持一致，并留存原始记录，严防缺失或丢失状况的发生。

（3）对整理后输入计算表格、计算程序或将电子文档应确保准确无误。

8.4.6 检测报告的编写

检测报告主要内容：

（1）委托单位名称。

（2）设计单位、施工单位及监理单位名称。

（3）概况：包括工程名称、结构类型、施工及竣工日期和施工现状等。

（4）检测原因、检测目的，以往检测情况概述。

（5）检测方法、检测仪器设备及依据的标准。

（6）检测项目的抽样方案及数据、检测数据和汇总。

（7）检测结果、检测结论。

（8）检测日期，报告完成日期。

（9）检测人员、报告编写、校核人员、审核人员和批准人员的签名，检测单位盖章。

（10）检测报告应采用文字、图表等方法，检测报告应做到结论正确，用词规范、文字简练。检测报告应对所检项目做出是否符合设计要求或相应验收规范的评定，为后续使用或验收提供可靠的依据。

8.4.7 检测案例分析

某项目城市基础设施改造项目锚栓静力抗拔检测。

1）概述

某项目位于广州市白云区，该项目化学锚栓进行改造，为了解该项目锚栓的拉拔力是否满足设计要求，受建设单位的委托要求，进行了单颗锚栓抗拔力检测。

2）检测目的

检测该工程所使用的化学锚栓抗拔力是否满足委托检测要求。

3）检测依据

（1）《建筑结构加固工程施工质量验收规范》GB 50550—2010。

（2）《混凝土结构加固设计规范》GB 50367—2013。

（3）《混凝土结构后锚固技术规程》JGJ 145—2013。

（4）设计提供的要求。

4）检测方法

（1）加载方法：本次检测采用连续加载法。

（2）荷载值与加载要求：根据设计提供的要求，本次检测的 M12 化学锚栓荷载值取 13.78kN；连续加载时，应以均匀速率在 2～3min 时间内加载至最大检验荷载，并持荷 2min。

5）仪器设备

本次检测所使用的仪器均检定合格及校准，并在有效期内。

HC-V3 拉拔仪。

6）检测数据

根据委托单位提供的资料，本次化学锚栓检验依据设计提供的要求，抽取 6 件（颗）进行检验。抽取的 1～6 号化学锚栓规格为 M12，单颗化学锚栓的抗拔力最大检测荷载为 13.78kN。依照检测记录，1～6 号化学锚栓在最大检测荷载作用下检测结果汇总见表 8.4-2。

检测结果汇总表　　　　　　　　　　　　　　　　　表 8.4-2

编号	最大检测荷载/kN	在加载过程中检测荷载作用下						构件位置
		滑移		荷载下降超过 5%		局部裂纹、破坏		
		有	无	有	无	有	无	
1	13.78		√		√		√	
2	13.78		√		√		√	人行天桥东侧桥底
3	13.78		√		√		√	
4	13.78		√		√		√	
5	13.78		√		√		√	人行天桥西侧桥底
6	13.78		√		√		√	
备注	—							

从表 8.4-2 可以看出，1～6 号规格为 M12 化学锚栓在最大检测荷载作用下，无滑移、基材混凝土无裂纹或其他局部损坏迹象出现，且加载装置的荷载示值在 2min 内无下降或下降幅度不超过 5% 的检验荷载，该 5 颗化学锚栓抗拔的检测结果均满足委托检测要求。

7）结论

由本次检测数据分析可知，1～6 号规格为 M12 化学锚栓在最大检测荷载作用下，无滑移、基材混凝土无裂纹或其他局部损坏迹象出现，且加载装置的荷载示值在 2min 内无下降或下降幅度不超过 5% 的检验荷载，6 颗化学锚栓的检测结果均满足委托检测要求。

8.5　饰面砖粘结工程质量检测及验收

8.5.1　饰面砖工程的一般规定

饰面砖主要包括陶瓷砖、釉面陶瓷砖、陶瓷马赛克、玻化砖、劈开砖等。内外墙饰面砖的粘贴要求不同，外墙饰面砖粘贴比内墙饰面砖粘贴要求更高，因此内外墙饰面砖的质量检测项目与质量要求不同。常见饰面砖应用形式见图 8.5-1。

图 8.5-1　常见饰面砖应用形式

8.5.2　适用范围

适用于内墙饰面砖粘贴和高度不大于100m、抗震设防烈度不大于8度、采用满粘法施工的外墙饰面砖粘贴等分项工程的质量验收。

8.5.3　检测及验收依据

饰面砖工程常用的检测及验收规范有：

（1）《建筑装饰装修工程质量验收标准》GB 50210—2018。

（2）《建筑工程饰面砖粘结强度检验标准》JGJ/T 110—2017。

8.5.4　饰面砖粘结强度检验

检验方法和检验结果判定符合行业标准《建筑工程饰面砖粘结强度检验标准》JGJ/T 110—2017的规定。

1. 检验数量的确定

带饰面砖的预制构件应符合下列规定：

（1）生产厂应提供饰面砖的预制构件质量及其他证明文件，其中饰面砖粘结强度检验结果应符合本标准的规定。

（2）复验应以每500m² 同类带饰面砖的预制构件为一个检验批，不足500m² 应为一个检验批。每批应取一组3块板，每块板应制取1个试样对饰面砖粘结强度进行检验。

现场粘贴外墙饰面砖应符合下列规定：

（1）现场粘贴外墙饰面砖施工前应对饰面砖样板粘结强度进行检验。

（2）每种类型的基体上应粘贴不小于1m² 饰面砖样板，每个样板应各制取一组3个饰面砖粘结强度试样，取样间距不得小于500mm。

（3）大面积施工应采用饰面砖样板粘结强度合格的饰面砖粘结材料和施工工艺。

现场粘贴饰面砖粘结强度检验应以每 500m² 同类基体饰面砖为一个检验批，不足500m² 应为一个检验批。每批应取不少于一组 3 个试样，每连续三个楼层应取不少于一组试样，取样宜均匀分布。

2. 检测时间

当按现行行业标准《外墙饰面砖工程施工及验收规程》JGJ 126 采用水泥基粘结材料粘贴外墙饰面砖后，可按水泥基粘结材料使用说明书的规定时间或样板饰面砖粘结强度达到合格的龄期，进行饰面砖粘结强度检验。当粘贴后28d 以内达不到标准或有争议时，应以 28～60d 内约定时间检验的粘结强度为准。

3. 检测仪器和工具

粘结强度检测仪、标准块、钢直尺（1mm 精度）、手持切割锯、胶粘剂（粘结强度宜大于3.0MPa）、胶带。

4. 检验过程

（1）粘贴标准块

首先清除饰面砖表面污渍并保持干燥。当现场温度低于 5℃时，标准块预热后再进行粘贴，标准块尺寸长 × 宽 × 厚为 95mm × 45mm × （6～8） mm 或 40mm × 40mm × （6～8） mm。胶粘剂按使用说明书规定的配比使用，搅拌均匀、随用随配、涂布均匀胶粘剂硬化前不得受水浸。在饰面砖上粘贴标准块，进行时应轻轻挤压，使得胶粘剂从标准块四周溢出，并及时使用胶带固定（避免标准块下滑）胶粘剂不应粘连相邻饰面砖。

（2）切割试样

待胶粘剂完全干燥后，再使用切割机沿着标准块四周切至饰面砖粘结层下面。试样切割长度和宽度宜与标准块相同，其中有两道相邻切割线应沿饰面砖边缝切割。切割至混凝土墙体或砌体表面，深度应一致。对有加强处理措施的加气混凝土、轻质砌块、轻质墙板和外墙外保温系统上粘贴的外墙饰面砖，需要在加强处理措施或保温系统符合国家有关标准的要求，并有隐蔽工程验收合格证明的前提下，切割至加强抹面层表面，形成矩形缝或正方形缝的断缝。

（3）粘结强度检测仪的安装

检测前在标准块上应安装带有万向接头的拉力杆。安装专用穿心式千斤顶，使拉力杆通过穿心千斤顶中心，并与标准块垂直。调整千斤顶活塞，应使活塞升出 2mm 左右将数字显示器调零，再拧紧拉力杆螺母（图 8.5-2）。

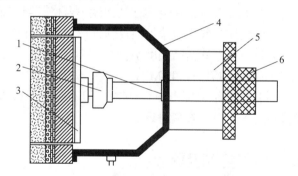

图 8.5-2　粘结强度检测仪器安装示意图

1—拉力杆；2—万向接头；3—标准块；4—支架；5—穿心式千斤顶；6—拉力杆螺母

（4）测试饰面砖粘结力

检测前在标准块上安装并与标准块垂直。调整千斤顶活塞，应使活塞升出 2mm 左右，并将数字显示器调零，再拧紧拉力杆螺母。

检测饰面砖粘结力时，匀速摇转手柄升压（以 5mm/min 的速度），直至饰面砖试样断开，记录粘结强度检测仪的数字显示器峰值，该值即粘结力值，精确到 0.01kN。检测后降压至千斤顶复位，取下拉力杆螺母及拉杆。

（5）计算粘结强度和每组试样平均粘结强度

饰面砖粘结力检测完毕后，应按受力断开的性质确定断开状态，测量试样断开面每切割边的中部长度（精确到 1mm）作为试样断面边长，当检测结果小于标准平均值求时，应分析原因并重新选点检测。

计算粘结强度和每组试样平均粘结强度，精确到 0.1MPa。

试样粘结强度应按下式计算：

$$R_i = \frac{X_i}{S_i}$$ (8.5-1)

式中：R_i——第 i 个试样粘结强度（MPa），精确到 0.1MPa；

$\quad\quad X_i$——第 i 个试样粘结力（kN），精确到 0.01kN；

$\quad\quad S_i$——第 i 个试样面积（mm²），精确到 1mm²。

每组试样平均粘结强度应按下式计算：

$$R_m = \frac{1}{3} \sum_{i=1}^{3} R_i$$ (8.5-2)

式中：R_m——每组试样平均粘结强度（MPa），精确到 0.1MPa。

（6）粘结强度检验评定

带饰面砖的预制构件，当一组试样均符合判定指标要求时，判定其粘结强度合格；当一组试样均不符合判定指标要求时，判定其粘结强度不合格；当一组试样仅符合判定指标的一项要求时，应在该组试样原取样检验批内重新抽取两组试样检验，若检验结果仍有一项不符合判定指标要求时，则判定其粘结强度不合格。判定指标应符合下列规定：

① 每组试样平均粘结强度不应小于 0.6MPa；

② 每组允许有一个试样的粘结强度小于 0.6MPa，但不应小于 0.4MPa。

现场粘贴的同类饰面砖，当一组试样均符合判定指标要求时，判定其粘结强度合格；当一组试样均不符合判定指标要求时，判定其粘结强度不合格；当一组试样仅符合判定指标的一项要求时，应在该组试样原取样检验批内重新抽取两组试样检验，若检验结果仍有一项不符合判定指标要求时，判定其粘结强度不合格。判定指标应符合下列规定：

① 每组试样平均粘结强度不应小于 0.4MPa；

② 每组允许有一个试样的粘结强度小于 0.4MPa，但不应小于 0.3MPa。

饰面砖粘结强度检测报告模板可参考附录 F.1。

8.6　抹灰工程粘结质量检测及验收

8.6.1　适用范围、检测及验收依据

（1）适用范围

抹灰工程适用于一般抹灰、保温层薄抹灰、装饰抹灰和清水砌体勾缝等分项工程的质量验收。一般抹灰饰面、装饰抹灰饰面、清水墙饰面。

（2）检测及验收依据

抹灰工程的检测及验收规范有：

①《建筑装饰装修工程质量验收标准》GB 50210—2018；

②《抹灰砂浆技术规程》JGJ/T 220—2010。

8.6.2　抹灰砂浆粘结强度检验

抹灰砂浆的抽检应按下列规定取值：

1）抹灰工程验收前，各检验批应按下列规定划分：

（1）相同砂浆品种、强度等级、施工工艺的室外抹灰工程，每 1000m² 应划分为一个检验批，不足 1000m² 的，也应划分为一个检验批。

（2）相同砂浆品种、强度等级、施工工艺的室内抹灰工程，每 50 个自然间（大面积房间和走廊按抹灰面积 30m² 为一间）应划分为一个检验批，不足 50 间的也应划分为一个检验批。

2）每个检验批的检查数量应符合下列规定：

（1）室外每 100m² 应至少抽查一处，每处不得少于 10m²。

（2）室内应至少抽查 10%，并不得少于 3 间；不足 3 间时，应全数检查。

3）砂浆抗压强度试块应符合下列规定：

（1）砂浆抗压强度验收时，同一验收批砂浆试块不应少于 3 组。

（2）砂浆试块应在使用地点或出料口随机取样，砂浆稠度应与实验室的稠度一致。

（3）砂浆试块的养护条件应与实验室的养护条件相同。

4）检测时间

抹灰砂浆拉伸粘结强度试验应在抹灰层施工完成 28d 后进行。

5）检测仪器和工具

抹灰砂浆拉伸粘结强度试验应采用下列试验仪器：

（1）拉伸粘结强度检测仪：应符合现行行业标准《数显式粘结强度检测仪》JG 3056 的规定。

（2）钢直尺：分度值应为 1mm。

（3）手持切割锯。

（4）胶粘剂：粘结强度宜大于 3.0MPa。

（5）顶部拉拔板：用 45 号钢或铬钢材料制作，长×宽为 100mm×100mm，厚度 6~8mm 的方形板，或直径为 50mm 的圆形板。拉拔板中心位置应有与粘结强度检测仪连接的接头。

6）检验过程

抹灰砂浆拉伸粘结强度试验应按下列步骤进行：

（1）在抹灰层达到规定龄期时进行拉伸粘结强度试验取样且取样面积不应小于 2m²，取样数量应为 7 个。

（2）按顶部拉拔板的尺寸切割试样，试样尺寸应与拉拔板的尺寸相同；切割应深入基层，且切入基层的深度不应大于 2mm；损坏的试样应废弃。

粘贴顶部拉拔板，并应符合下列规定：

（1）在粘贴前，应清除顶部拉拔板及抹灰层表面污渍并保持干燥，当现场温度低于 5℃ 时，顶部拉拔板宜先预热。

（2）胶粘剂应按使用说明书规定的配比使用，应搅拌均匀、随用随配、涂布均匀，硬化前不得受水浸。

（3）顶部拉拔板粘贴后应及时用胶带等进行固定。

在顶部拉拔板上安装带有万向接头的拉力杆。

安装专用穿心式千斤顶，拉力杆应通过穿心千斤顶中心，并应与顶部拉拔板垂直。

调整千斤顶活塞，使活塞升出 2mm，并将数字式显示器调零，再拧紧拉力杆螺母。

匀速摇转手柄升压，直至抹灰层断开，并按表 A.0.3 记录粘结强度检测仪的数字显示器峰值（粘结力检测值）。

检测后降压至千斤顶复位，取下拉力杆螺母及拉力杆。

测量断面边长，在各边分别距外侧 10mm 处测量两个数值或相互垂直测量两个直径，取其平均值作为边长值或直径（精确到 1mm），并按表 A.0.3 记录。

将顶部拉拔板表面胶粘剂清理干净，用 50 号砂布擦拭拉拔板表面直至出现光泽。

将拉拔板放置在干燥处，再次使用前应将拉拔板表面污渍清除干净。

灰层与某体拉件粘结强度检测结果的有效性判定应符合下列规定：

（1）当破坏发生在扶灰砂浆与基层连接界面时，检测结果认定为有效。

（2）当破坏发生在抹灰砂浆层内时，检测结果可认定为有效。

（3）当破坏发生在基层内，检测数据大于或等于粘结强度规定值时，检测结果可认定为有效；试验数据小于粘结强度规定值时，检测结果应认定为无效。

（4）当破坏发生在粘结层，检测数据大于或等于粘结强度规定值时，检测结果可认定为有效；检测数据小于粘结强度规定值时，检测结果应认定为无效。

7）试验结果的确定应符合下列规定：

试样拉伸粘结强度应按下式计算：

$$R_i = \frac{X_i}{S_i} \tag{8.6-1}$$

式中：R_i——第 i 个试样粘结强度（MPa），精确到 0.1MPa；

X_i——第 i 个试样粘结力（kN），精确到 1N；

S_i——第 i 个试样面积（mm²），精确到 1mm²。

应取 7 个试样拉伸粘结强度的平均值作为试验结果。当 7 个测定值中有一个超出平均值的 20%，应去掉最大值和最小值，并取剩余 5 个试样粘结强度的平均值作为试验结果。当剩余 5 个测定值中有一个超出平均值的 20%，应再次去掉其中的最大值和最小值，取剩余 3 个试样粘结强度的平均值作为试验结果。当 5 个测定值中有两个超出平均值的 20%，该组试验结果应判定为无效。

8）对现场拉伸粘结强度试验结果有争议时，应以采用方形顶部拉拔板测定的测试结果为准。

9）抹灰层与基础之间合格评定

抹灰层与基层之间及各抹灰层之间应粘结牢固，抹灰层应无脱层，空鼓面积不应大于 400cm²，面层应无爆灰和裂缝。

检查方法：观察；用小锤轻击。

同一验收批的抹灰层拉伸粘结强度平均值应大于或等于表 8.6-1 的规定值，且最小值应大于或等于表 8.6-1 中规定值的 75%。当同一验收批抹灰层拉伸粘结强度试验少于 3 组时，每组试件拉伸粘结强度均应大于或等于表 8.6-1 中的规定值。

检查方法：检查抹灰层拉伸粘结强度实体检测记录。

抹灰层拉伸粘结强度的规定值　　　　　　　　　表 8.6-1

序号	抹灰砂浆品种	拉伸粘结强度/MPa
1	水泥抹灰砂浆	0.20

序号	抹灰砂浆品种	拉伸粘结强度/MPa
2	水泥粉煤灰抹灰砂浆、水泥石灰抹灰砂浆、掺塑化剂水泥抹灰砂浆	0.15
3	聚合物水泥抹灰砂浆	0.30
4	预拌抹灰砂浆	0.25

10）同一验收批的砂浆试块抗压强度平均值应大于或等于设计强度等级值，且抗压强度最小值应大于或等于设计强度等级的 75%。当同一验收批试块少于 3 组时，每组试块抗压强度等级值均应大于或等于设计强度等级值。

11）当内墙抹灰工程中抗压强度检验不合格时，应在现场对内墙抹灰层进行拉伸粘结强度检测，并应以其检测结果为准。当外墙或顶棚抹灰施工中抗压强度检验不合格时，应对外墙或顶棚抹灰砂浆加倍取样进行抹灰层拉伸粘结强度检测，并应以其检测结果为准。

抹灰砂浆现场拉伸粘结强度检测报告模板见附录 F.2。

第9章

室内环境污染物

9.1 概述

随着人们的生活水平不断提高，越来越多的人追求美观安全的居住办公环境。房间的装修越来越复杂，室内空气质量也越来越受人们的关注。为了控制室内空气污染物浓度水平，国家制定了一系列的标准控制措施。按照《建筑环境通用规范》GB 55016—2021和《民用建筑工程室内环境污染控制标准》GB 50325—2020要求，民用建筑工程竣工验收时，必须进行室内环境污染物浓度检测，需检测氡、甲醛、氨、苯、甲苯、二甲苯、TVOC 七个污染物参数的浓度，并且各种污染物浓度符合相应限量值要求，才能验收投入使用。

氡：氡是一种放射性气体，无色无味，长期在体内照射可能引起局部组织损伤，甚至诱发肺癌和支气管癌。氡常见于建筑工程所使用的砂、石、砖、砖块、水泥、混凝土、混凝土预制构件及装修中所使用的花岗石和大理石等石材。民用建筑室内空气中氡浓度的检测方法有：泵吸静电收集能谱分析法、泵吸闪烁室法、泵吸脉冲电离室法、活性炭盒-低本底多道γ谱仪。

甲醛：甲醛是一种无色，有刺激性气味，挥发性很强，易溶于水的液体。如果长期生活在甲醛环绕的室内环境中，会出现眼睛刺痛、皮肤过敏、免疫功能下降等症状。甲醛已经被世界卫生组织确定为一类致癌物，并且认为甲醛与白血病发生之间存在着因果关系。甲醛是我国新装修家庭中的主要污染物。引起甲醛污染的装饰装修材料主要有人造木板及饰面、涂料（水性涂料和水性腻子）、胶粘剂、水性处理剂、粘合木结构材料、壁布、帷幕、壁纸以及用这些材料加工、制造的木地板、家具等。民用建筑室内空气中甲醛浓度的检测方法，采用国家标准《居住区大气中甲醛卫生检验标准方法 分光光度法》GB/T 16129—1995中规定 AHMT 分光光度法进行检测，亦可采用简便取样仪器检测方法，但当发生争议时，还是以 AHMT 分光光度法的测定结果为准。

氨：氨是一种无色的气体，这种气体也具有较强烈的刺激性气味，主要来源于混凝土中的添加剂以及木质家具加工时用到的粘合剂。氨会对人体呼吸道、鼻腔黏膜等组织形成强烈刺激，轻则引发鼻炎、支气管炎、咽喉炎等，吸入高浓度氨时还会出现头晕、恶心等严重症状。氨被吸入肺部之后，会经过肺泡进入血液，与血红蛋白相结合，弱化人体本身的运氧功能。民用建筑室内空气中氨浓度的检测方法采用国家标准《公共场所卫生检验方法 第 2 部分：化学污染物》GB/T 18204.2—2014 中靛酚蓝分光光度法进行检测。

苯、甲苯、二甲苯：这些气体也是无色、稍微具有一定的刺激性气味，其主要来自室内装修的涂料和木器漆等有机溶剂内。室内环境中会存在一定量的毒性较大的苯和甲苯，也会有一些毒性较弱的二甲苯。苯系物具有芳香味道。苯对人体造成的危害较大，过量吸入会造成人体出现白血病等贫血障碍。人体在短时间内吸收大量的高浓度甲苯，会出现头晕、胸闷的情况，严重者会出现呼吸衰竭死亡。它们具有强烈的致癌作用，长期接触高浓度的苯、甲苯、二甲苯会导致再生障碍性贫血，并影响神经系统。民用建筑室内空气中苯、甲苯、二甲苯浓度的检测方法，采用《民用建筑工程室内环境污染控制标准》GB 50325—2020 附录 D 规定的方法进行检测。

总挥发性有机化合物：总挥发性有机化合物，又称 TVOC（Total Volatile Organic Compounds），具有较强的刺激性气味，主要来自装饰装修所用涂料中的有机分子、有机溶剂等，其成分含有多种有机类物质，会对人体造成较大危害，也会直接损伤人体内部器官与中枢神经等，严重情况下也会导致人体抵抗力下降，甚至致癌。民用建筑室内空气中 TVOC 浓度的检测方法，采用《民用建筑工程室内环境污染控制标准》GB 503255—2020 附录 E 规定的方法进行检测。

9.2　一般规定

（1）室内空气污染物控制应按下列顺序采取控制措施：
①控制建筑选址场地的土壤氡浓度对室内空气质量的影响；
②控制建筑空间布局有利于污染物排放；
③控制建筑主体、节能工程材料、装饰装修材料的有害物质释放量满足限值；
④采取自然通风措施改善室内空气质量；
⑤设置机械通风空调系统，必要时设置空气净化装置进行空气污染物控制。
（2）工程竣工验收时，室内空气污染物浓度限量应符合规定。
（3）室内空气污染物浓度测量应符合下列规定：
①除氡外，污染物浓度测量值均应为室内测量值扣除室外上风向空气中污染物浓度测量值（本底值）后的测量值；
②污染物浓度测量值的极限值判定应采用全数值比较法。
（4）空气净化装置在空气净化处理后不应产生新的污染。
（5）装饰装修时，严禁在室内使用有机溶剂清洗施工用具。
（6）民用建筑工程及室内装饰装修工程的室内环境质量验收，应在工程完工不少于 7d 后、工程交付使用前进行。

9.3　检测依据、数量及评定标准

（1）室内环境污染物浓度检测依据主要有：
①《建筑环境通用规范》GB 55016—2021；
②《民用建筑工程室内环境污染控制标准》GB 50325—2020；
③《建筑室内空气中氡检测方法标准》T/CECS 569—2019；
④《公共场所卫生检验方法 第 2 部分：化学污染物》GB/T 18204.2—2014；
⑤《居住区大气中甲醛卫生检验标准方法 分光光度法》GB/T 16129—1995；

⑥《民用建筑工程室内环境污染控制技术规程》DBJ 15—93—2013。

检测数量按照《建筑环境通用规范》GB 55016—2021 的要求："幼儿园、学校教室、学生宿舍、老年人照料房屋设施室内装饰装修验收时，室内空气中氡、甲醛、氨、苯、甲苯、二甲苯、TVOC 的抽检量不得少于房间总数的 50%，且不得少于 20 间。当房间总数不大于 20 间时，应全数检测。"

按照《民用建筑工程室内环境污染控制标准》GB 50325—2020 的要求："民用建筑工程验收时，应抽检每个建筑单体有代表性的房间室内环境污染物浓度，氡、甲醛、氨、苯、甲苯、二甲苯、TVOC 的抽检量不得少于房间总数的 5%，每个建筑单体不得少于 3 间，当房间总数少于 3 间时，应全数检测。"

抽检房间内测点数量应根据房间使用面积设置，如表 9.3-1 所示。

室内环境污染物浓度检测点数设置　　　　　　　　　　表 9.3-1

房间使用面积/m²	检测点数/个
＜50	1
≥50，＜100	2
≥100，＜500	不少于 3
≥500，＜1000	不少于 5
≥1000	≥1000m² 的部分，每增加 1000m² 增设 1，增加面积不足 1000m² 时按增加 1000m² 计算

注：房间是指建筑物内形成的独立封闭、使用中人们会在其中停留的空间单元。

当房间内有 2 个及以上检测点时，应采用对角线、斜线、梅花状均衡布点，并应取各点检测结果的平均值作为房间的检测值。

现场检测测点应距离房间地面高度 0.8～1.5m，距离房间内墙面不应小于 0.5m。检测点应均匀分布，且应避开通风道和通风口。

（2）评定标准

工程竣工验收时，室内空气污染物浓度限量应符合表 9.3-2 的规定。

室内空气污染物浓度限量　　　　　　　　　　表 9.3-2

污染物	Ⅰ类民用建筑	Ⅱ类民用建筑
氡/（Bq/m³）	≤150	≤150
甲醛/（mg/m³）	≤0.07	≤0.08
氨/（mg/m³）	≤0.15	≤0.20
苯/（mg/m³）	≤0.06	≤0.09
甲苯/（mg/m³）	≤0.15	≤0.20
二甲苯/（mg/m³）	≤0.20	≤0.20
TVOC/（mg/m³）	≤0.45	≤0.50

注：Ⅰ类民用建筑指住宅、医院、老年人照料房屋设施、幼儿园、学校教室、学生宿舍、军人宿舍等民用建筑；Ⅱ类民用建筑指办公楼、商店、旅馆、文化娱乐场所、书店、图书馆、展览馆、体育馆、公共交通等候室、餐厅、理发店等民用建筑。

9.4　检测方法与仪器要求

9.4.1　检测方法

（1）空气中甲醛浓度检测：采用国家标准《居住区大气中甲醛卫生检验标准方法　分光光度法》GB/T 16129—1995 中规定 AHMT 分光光度的方法进行检测。先用大气采样器在现场进行采样，然后在实验室内进行显色，用分光光度计进行比色试验，最后根据标准曲线确定甲醛的浓度。

（2）空气中氨浓度的检测：采用国家标准《公共场所卫生检验方法　第 2 部分：化学污染物》GB/T 18204.2—2014 中靛酚蓝分光光度法进行检测。先用大气采样器在现场进行采样，然后在实验室内进行显色，用分光光度计进行比色试验，最后根据标准曲线确定氨的浓度。

（3）空气中苯、甲苯、二甲苯和 TVOC 浓度的检测：采用国家标准《民用建筑工程室内环境污染控制标准》GB 50325—2020 附录 D、E 规定的方法进行检测。TVOC、苯、甲苯、二甲苯采样管使用复合管。先用大气采样器在现场进行采样，然后在实验室进行热解析，将热解析的气体样注入气相色谱仪中进行分析，以保留时间定性，峰面积定量分析样品中每种污染物的浓度。

（4）室内氡浓度检测，采用符合标准《建筑室内空气中氡检测方法标准》T/CECS 569—2019 中规定的活性炭盒-低本底多道γ谱仪法进行检测。采样前，将采样盒的敞开面用滤膜封住，固定活性炭且允许氡进入采样器。采样时，将活性炭盒放置在距地面 50cm 以上的桌子或架子上，敞开面朝上，空气扩散进炭床内，其中的氡被活性炭吸附，同时衰变，新生的子体便沉积在活性炭内。放置 48h 后用γ能谱仪测量活性炭盒的氡子体特征γ射线峰（或峰群）强度，根据特征峰面积计算出氡浓度，也可以采用泵吸静电收集能谱分析法、泵吸闪烁室法、泵吸脉冲电离室法检测室内氡浓度。

9.4.2　仪器要求

（1）恒流采样器：在采样过程中流量应稳定，流量范围应包含 0.5L/min，且当流量 0.5L/min 时，应能克服 5～10kPa 的阻力，此时用流量计校准采样系统流量，相对偏差不应大于±5%阻力。

（2）热解吸装置：应能对吸附管进行热解吸，解吸温度、载气流速可调，按照《民用建筑工程室内环境污染控制标准》GB 50325—2020 中要求，应采用一次热解析仪。

（3）应配备有氢火焰离子化检测器的气相色谱仪或 MS 检测器的气质联用仪。

毛细管柱：毛细管柱为长度 30～50m 的石英柱，内径应为 0.32mm，内应涂覆聚二甲基聚硅氧烷或其他非极性材料。

注：典型的毛细管柱如 HP-1、DB-1 均符合《民用建筑工程室内环境污染控制标准》GB 50325—2020 要求，不建议使用中等极性色谱柱如 DB-624 或强极性色谱柱如 DB-WAX 进行 TVOC 分析，使用 HP-5 色谱柱时，应注意其是否能完美分离乙苯、对间二甲苯、邻二甲苯、苯乙烯。使用市面上售卖的 TVOC 专用柱时，应确定其为非极性色谱柱。毛细管

柱长度应为 50m，内径应为 0.32mm。当使用 MS 作为检测器时，应使用 MS 专用色谱柱，可行时，使用超惰性 MS 色谱柱。

（4）大气采样器：流量范围 0L/min～2L/min，流量可调且恒定。

（5）分光光度计：可调波长为 550nm、697.5nm，配备 10mm 比色皿。

（6）皂膜流量计。

（7）空盒气压表、温湿度计。

（8）低本底多道γ能谱仪、活性炭盒：活性炭盒中的活性炭应为 20～40 目，应烘干并经称重至精度 0.1mg 后密封活性炭盒。

9.5 检测前准备工作

（1）对采样仪器进行流量校准，流量相对偏差不应大于±5%；

（2）使用前通氮气加热活化 T-C 复合吸附管，活化温度应为 280～300℃，活化时间不应少于 10min，活化至无杂质峰为止；

（3）了解工程概括，明确采样房间、布点数量，打印平面图；

（4）当天参照标准配置好甲醛和氨的吸收液，将甲醛、氨采样的吸收液装进对应的气泡采样管中并进行密封，避免阳光直射；

（5）使用活性炭盒-低本底多道γ谱仪法检测室内氡浓度时，应提前烘干活性炭并称重后密封活性炭盒。

9.6 现场操作

到达现场，先去检查现场是否符合检测的要求，门窗是否已安装好及关闭。若使用集中通风的民用建筑，应确定中央空调是否已打开，确定符合再安装采样仪器。

甲醛、氨、苯、甲苯、二甲苯和 TVOC 的检测应确保：采用集中通风的民用建筑工程，应在通风系统正常运行的条件下进行；采用自然通风的民用建筑工程，检测应在对外门窗关闭 1h 后进行。

氡的检测应确保：采用集中通风的民用建筑工程，应在通风系统正常运行的条件下进行；采用自然通风的民用建筑工程，应在房间的对外门窗关闭 24h 以后进行。Ⅰ类建筑无架空层或地下车库结构时，一、二层房间抽检比例不宜低于总抽检房间数的 40%。

结合现场情况和检测方案，确定检测房间和房间大小，测点数量。采样时要注意：距离房间地面高度 0.8～1.5m，距离房间内墙面不应小于 0.5m，并且要避开通风道通风口，尽量远离门口采样。

采样前，分析房间的情况，初步判断房间的情况，如有很重的异味，尝试寻找原因（刚装修完不久、家具刚入场不久、门窗重新上了胶、消防管之类刚刷了油漆的情况）。房间味道大要做好记录，多拍几张照片记录现场情况（图 9.6-1、图 9.6-2）。

采样过程中，有些工程现场会很复杂，避免无关人员进入检测房间，并及时记录采样时的温度、大气压力和湿度。应当同时在室外上风向处采集室外空气样品。

图 9.6-1　现场照片 1

图 9.6-2　现场照片 2

采样具体流程如下：

甲醛：用一个内装 5mL 吸收液的气泡吸收管，以 1.0L/min 流量，采气 20L。

氨：用一个内装 10mL 吸收液的气泡吸收管，以 0.5L/min 流量，采样 5L。

苯、甲苯、二甲苯、TVOC：在 T-C 复合吸附管与空气采样器入气口垂直连接（气流方向与吸附管标识方向一致），使用 0.5L/min 流量采集 10L 空气。采样后，应取下吸附管，密封吸附管的两端，做好标识，放入可密封的金属或玻璃仪器中。使用活性碳管采集苯、甲苯和二甲苯时，应特别注意空气湿度过高是否会导致气相色谱仪 FID 检测器异常。

氡：使用活性炭盒-低本底多道γ谱仪法时，在采样点去掉活性炭盒密封包装，敞开面朝上放在采样点上，其上方 20cm 内不得有其他物体。暴露不少于 48h 后，用原胶带将活性炭盒在封闭起来，记录采样时间、温度、湿度、大气压，迅速送回实验室。使用泵吸静电收集能谱分析法，内部相对湿度应小于 10%，否则湿度会对检测结果造成影响。每检测点的取样测量时间不应小于 1h。每检测点测量开始时间应与前一检测点测量结束的时间间隔不小于 15min。使用泵吸闪烁室法时，每检测点的取样测量时间不小于 1h，抽气-测量-排气取样测量周期宜为 30min，测量结果应取第二周期的数据。每检测点测量开始时间应与前一检测点测量结束的时间间隔不小于 15min。使用泵吸脉冲电离室法时，每检测点的取样测量时间不应小于 1h。

9.7　实验室分析及结果计算

9.7.1　甲醛

按照《居住区大气中甲醛卫生检验标准方法 分光光度法》GB/T 16129—1995 配制以下溶液：

（1）吸收液：称取 1g 三乙醇胺，0.25g 偏重亚硫酸钠和 0.25g 乙二胺四乙酸二钠溶于水中并稀释至 1000mL；

（2）0.5%的 4-氨基-3-联氨-5-巯基-1，2，4-三氮杂茂（简称 AHMT）溶液：称取 0.25gAHMT 溶于 0.5mol/L 盐酸中，并稀释至 50mL，此试剂置于棕色瓶中，可保存半年；

（3）5mol/L 的氢氧化钾溶液：称取 28.0g 氢氧化钾溶于 100mL 水中；

（4）1.5%的高碘酸钾溶液：称取 1.5g 高碘酸钾溶于 0.2mol/L 氢氧化钾溶液中，并稀释至 100mL，于水浴上加热溶解，备用；

（5）甲醛标准溶液：用吸收液将甲醛标准贮备液稀释成 1.00mL 含 2.00μg 甲醛。
仪器照片如图 9.7-1 所示，比色照片如图 9.7-2 所示。

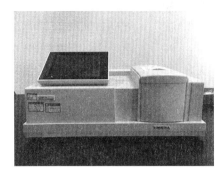 

图 9.7-1　仪器照片　　　　　　　　　图 9.7-2　比色照片

用标准溶液绘制标准曲线：取 7 支 10mL 具塞比色管，按表 9.7-1 制备甲醛标准系列管。

甲醛标准系列管　　　　　　　　　　表 9.7-1

管号	0	1	2	3	4	5	6
标准溶液/mL	0.0	0.1	0.2	0.4	0.8	1.2	1.6
吸收溶液/mL	2.0	1.9	1.8	1.6	1.2	0.8	0.4
甲醛含量/μg	0.0	0.2	0.4	0.8	1.6	2.4	3.2

各管加入 1.0mL 的 5mol/L 氢氧化钾溶液，1.0mL 的 0.5%AHMT 溶液，盖上管塞，轻轻颠倒混匀三次，放置 20min。加入 0.3mL 的 1.5%高碘酸钾溶液，充分振摇，放置 5min。用 10mm 比色皿，在波长 550nm 下，以水作参比，测定各管吸光度。以甲醛含量为横坐标，吸光度为纵坐标，绘制标准曲线，并计算回归线的斜率，以斜率的倒数作为样品测定计算因子 B（微克/吸光度）。

采样后，将现场采样用的采样管补充吸收液至采样前的体积。准确量取 2mL 样品溶液于比色管中，按制作标准曲线的操作步骤测定吸光度。在每批样品测定的同时，用 2mL 未采样的吸收液，按相同步骤作试剂空白值测定。

计算公式如下：

将采样体积换算成标准状况下的采样体积。

$$V = V_t \times \frac{T_0}{273 + t} \times \frac{p}{p_0} \tag{9.7-1}$$

式中：V——标准状况下的采样体积（L）；

　　　V_t——采样体积（L）；

　　　t——采样时的空气温度（℃）；

　　　T_0——标准状况下的绝对温度（273K）；

　　　p——采样时的大气压（kPa）；

　　　p_0——标准状况下的大气压力（101.3kPa）。

空气中甲醛浓度按以下公式计算：

$$c = \frac{(A - A_0) \times B}{V} \times \frac{V_1}{V_2} \tag{9.7-2}$$

式中：c——空气中甲醛浓度（mg/m³）；

　　　A——样品溶液的吸光度；

　　　A_0——试剂空白溶液的吸光度；

　　　B——计算因子；

　　　V——标准状况下的采样体积（L）；

　　　V_1——采样时吸收液体积（mL）；

　　　V_2——分析时取样品体积（mL）。

9.7.2　氨

按照《公共场所卫生检验方法 第 2 部分：化学污染物》GB/T 18204.2—2014 配制如下溶液：

（1）吸收液：量取 2.8mL 浓硫酸加入水中，并稀释至 1L。临用时再稀释 10 倍。

（2）水杨酸溶液：称取 10.0g 水杨酸和 10.0g 柠檬酸钠，加水约 50mL，再加 55mL 的 2mol/L 氢氧化钠溶液，用水稀释至 200mL。此试剂稍有黄色，室温下可稳定 1 个月。

（3）亚硝基铁氰化钠溶液（10g/L）：称取 1.0g 亚硝基铁氰化钠，溶于 100mL 水中。贮于冰箱中可稳定 1 个月。

（4）次氯酸钠溶液（0.05mol/L）：市售溶液。

（5）氨标准工作液（1.00mg/L）：临用时，使用吸收液将标准贮备液稀释成 1.00mL 含 1.00μg。用标准溶液绘制标准曲线：取 7 支 10mL 具塞比色管，按表 9.7-2 制备氨标准系列管。

氨标准系列管　　　　　　　　　　　　　　　　表 9.7-2

管号	0	1	2	3	4	5	6
标准溶液/mL	0	0.50	1.00	3.00	5.00	7.00	10.00
吸收溶液/mL	10.00	9.50	9.00	7.00	5.00	3.00	0
甲醛含量/μg	0	0.50	1.00	3.00	5.00	7.00	10.00

在各管中加入 0.50mL 水杨酸溶液，再加入 0.10mL 亚硝基铁化钠溶液和 0.10mL 次氯酸钠溶液，混匀，室温下放置 1h。用 1cm 比色皿于波长 697.5nm 处，以水作参比，测定各管溶液的吸光度。以氨含量作横坐标。吸光度为纵坐标。绘制标准曲线。并计算校准曲线的斜率。标准曲线斜率应为(0.081 ± 0.003)吸光度/g 氨，以斜率的倒数作为样品测定时的计算因子（B）。

样品测定：将样品溶液转入具塞比色管内，用少量的水洗吸收管，合并，使总体积为 10mL。再按上面的操作步骤测定样品的吸光度。在每批样品测定的同时，用 10mL 未采样的吸收液作试剂空白测定。如果样品溶液吸光度超过标准曲线范围，则可用空白吸收液稀释样品液后再分析。

采用式(9.7-1)将采样体积换算成标准状况下的采样体积。

空气中氨浓度按以下公式计算：

$$c = \frac{(A - A_0) \times B}{V} \times \frac{V_1}{V_2} \tag{9.7-3}$$

式中：c——空气中氨浓度（mg/m³）;

  A——样品溶液的吸光度;

  A_0——试剂空白溶液的吸光度;

  B——计算因子;

  V——标准状况下的采样体积（L）;

  V_1——采样时吸收液体积（mL）;

  V_2——分析时取样品体积（mL）。

9.7.3 苯、甲苯、二甲苯、TVOC

热解析仪推荐条件如下：

（1）解析条件 320℃，10min；

（2）冷阱温度−10℃，解析时 320℃，解析 60s，进样 600s；

（3）管路温度不低于 120℃。

配置 FID 检测器的气相色谱推荐条件如下：

（1）进样口温度：250℃；分流比 10∶1；

（2）检测器温度：250℃；

（3）色谱柱流量：1.5mL/min；

（4）升温条件：初始温度应为 50℃，且保持 10min，升温速率为 5℃/min，温度升至 250℃后，保持 2min。

配置 MS 检测器的气相色谱推荐条件如下：

（1）进样口温度：250℃；分流比 10∶1；

（2）传输线温度：280℃；

（3）离子源温度：230℃；四级杆温度：150℃；全扫描模式，质谱扫描范围为 40～300amu；

（4）色谱柱流量：1.5mL/min；

升温条件：初始温度应为 50℃，且保持 10min，升温速率为 5℃/min，温度升至 250℃后，保持 2min。

仪器照片如图 9.7-3、图 9.7-4 所示。

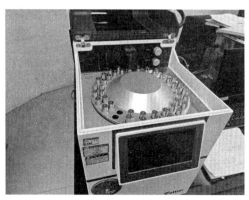

图 9.7-3　仪器照片 1　　　　　　　　图 9.7-4　仪器照片 2

标准吸附管系列制备，可购买市售标准溶液系列（50μg/mL、100μg/mL、400μg/mL、800μg/mL、1200μg/mL、2000μg/mL）或单一浓度混合标准溶液，应包含正己烷、苯、三氯乙烯、甲苯、辛烯、乙酸丁酯、乙苯、对二甲苯、间二甲苯、邻二甲苯、苯乙烯、壬烷、异辛醇、十一烷、十四烷、十六烷。

将标准溶液定量注入吸附管中，同时用 100mL/min 的氮气通过吸附管，5min 后取下并密封。亦可使用热解析仪的干吹功能进行制备后直接进样，但应注意正己烷、苯等低沸点物质的峰面积。

样品分析时，每支样品吸附管应按与标准吸附管系列相同的热解吸气相色谱分析方法进行分析。当配置 FID 检测器时，应以保留时间定性、峰面积定量；当配置 MS 检测器时，应根据保留时间和各组分的特征离子定性，在确认组分的条件后，采用定量离子进行定量。

使用 MS 检测器时，可参照表 9.7-3 确定选择化合物的定性离子和定量离子。

化合物的定性离子和定量离子选择表　　　　表 9.7-3

序号	化合物	定性离子/（m/z）	定量离子/（m/z）
1	正己烷	41，86	57
2	苯	77	78
3	三氯乙烯	95	60
4	甲苯	91	76
5	辛烯	55，69	41
6	乙酸丁酯	43	56
7	乙苯	106	91
8	对二甲苯	106	91
9	间二甲苯	106	91
10	邻二甲苯	106	91
11	苯乙烯	91	104
12	壬烷	57	43
13	异辛醇	73，87	57
14	十一烷	85，155	71
15	十四烷	71，99	85
16	十六烷	71	57

所采空气样品中各组分的浓度应按下式进行计算：

$$C_m = \frac{m_i - m_0}{V} \tag{9.7-4}$$

式中：C_m——所采空气样品中 i 组分的浓度（mg/m³）；

$\quad\quad m_i$——样品管中 i 组分的质量（μg）；

$\quad\quad m_0$——未采样管中组分的质量（μg）；

$\quad\quad V$——标准状态下的采样体积（L）。

所采空气样品中 TVOC 的浓度应按下式进行计算：

$$C_{TVOC} = \sum_{i=1}^{i=n} C_m \qquad (9.7\text{-}5)$$

注：（1）对未识别的峰，应以甲苯计。

（2）对于 TVOC，当用 Tenax-TA 吸附管和 2，6-对苯基二苯醚多孔聚合物-石墨化炭黑-X 复合吸附管采样的检测结果有争议时，以 Tenax-TA 吸附管的检测结果为准。

（3）对于苯、甲苯、二甲苯，当用活性炭吸附管和 2，6-对苯基二苯醚多孔聚合物-石墨化炭黑-X 复合吸附管采样的检测结果有争议时，以活性炭吸附管的检测结果为准。当用活性炭管吸附管采样时，空气湿度应小于 90%。

（4）在标准规定的色谱条件下，间二甲苯、对二甲苯无法分开，需要共同计算。苯、甲苯、二甲苯超标时，推荐使用 HP-FFAP 色谱柱或 MS 检测器进行定性后定量。

9.7.4 氡

使用活性炭盒-低本底多道γ谱仪法时：采样完成 3h 后，再称量样品盒的总质量，计算水分吸收量。将活性炭盒在γ谱仪上测量，测量时采样器置于 NaI 探测器上。检测条件应与刻度时一致。测量氡的活度用 ^{214}Pb 的 295KeV、351KeV 和 ^{214}Bi 的 609KeV 三个全能吸收峰面积（计数率 CPM）确定。可直接使用仪器搭配的软件进行结果计算。

9.8 结果判定及处理

当抽检的所有房间室内环境污染物浓度的检测结果符合表 9.3-2 的规定时，应判定该工程室内环境质量合格。

当室内环境污染物浓度检测结果不符合表 9.3-2 的规定时，应对不符合项目再次加倍抽样检测，并应包括原不合格的同类型房间及原不合格房间；当再次检测的结果符合表 9.3-2 的规定时，应判定该工程室内环境质量合格。再次加倍抽样检测的结果不符合规定时，应查找原因并采取措施进行处理，直至检测合格。

室内环境污染物浓度检测结果不符合表 9.3-2 规定的民用建筑工程，严禁交付投入使用。

9.9 检测原始记录

检测记录表见附录 G.1～G.5。

附录

附录 A

混凝土强度检测报告

附录 A.1　回弹法检测混凝土强度批量评定报告

××××有限公司
回弹法检测混凝土强度批量评定报告

委 托 单 位：_____　报告编号：_____

工 程 名 称：_____

见 证 单 位：_____　检评依据：　　JGJ/T 23—2011

监 督 登 记 号：_____　检验类别：_____

混凝土输送方式：_____　见 证 人：_____

检 验 日 期：_____　报告日期：_____

检测部位	强度计算			
	设计强度等级	测区数/n	强度平均值/MPa	强度标准差/MPa
批量条件	当 $mf_{cu}^c < 25$MPa 时，$S_{f_{cu}^c} \leqslant 4.5$MPa			
	当 25MPa $\leqslant mf_{cu}^c \leqslant 60$MPa 时，$S_{f_{cu}^c} \leqslant 5.5$MPa			
是否满足批量条件		不符合批评定情况		
修正方式		修正量Δ/MPa		
强度推定值计算/MPa	$f_{cu,e} = mf_{cu}^c - 1.645S_{f_{cu}^c}$			
该批构件混凝土强度推定 $f_{cu,e}$/MPa				
备注				

1. 若对报告有异议，应于收到报告之日起 15 日内，以书面形式向本公司提出，逾期视为对报告无异议。
2. 未经本公司书面批准，不得部分复制本检验报告。（完全复制除外）
3. 本公司地址：_____；电话：_____。

批准：_____　审核：_____　检测：_____

××××有限公司
回弹法检测混凝土强度批量评定报告

委 托 单 位：_____　报告编号：_____

工 程 名 称：_____

见 证 单 位：_____　检评依据：　JGJ/T 23—2011

监 督 登 记 号：_____　检验类别：_____

混 凝 土 输 送 方 式：_____　见 证 人：_____

检 验 日 期：_____　报告日期：_____

构件编号	检测部位	设计强度等级	混凝土浇筑日期	龄期/d	测区数量	测区换算强度/MPa			现龄期混凝土强度推定值/MPa
						平均值	最小强度值	标准差	
1									
2									
3									
4									
5									
6									
7									
8									
9									
10									
备注									

1. 若对报告有异议，应于收到报告之日起 15 日内，以书面形式向本公司提出，逾期视为对报告无异议。

2. 未经本公司书面批准，不得部分复制本检验报告。(完全复制除外)

3. 本公司地址：_____；电话：_____。

批准：_____　审核：_____　检测：_____

附录A.2 回弹法检测高强混凝土强度批量评定报告

××××有限公司
回弹法检测高强混凝土强度批量评定报告

委 托 单 位：_____　　报告编号：_____

工 程 名 称：_____

见 证 单 位：_____　　检评依据：　JGJ/T 294—2013

监 督 登 记 号：_____　　检验类别：_____

混凝土输送方式：_____　　见 证 人：_____

检 验 日 期：_____　　报告日期：_____

检测部位	强度计算			
	设计强度等级	测区数/n	强度平均值/MPa	强度标准差/MPa
批量条件	当$mf_{cu}^c \leqslant 50$MPa 时，$S_{f_{cu}^c} \leqslant 5.50$MPa			
	当$mf_{cu}^c > 50$MPa 时，$S_{f_{cu}^c} \leqslant 6.50$MPa			
是否满足批量条件		不符合批评定情况		
修正方式		修正量Δ/MPa		
强度推定值计算/MPa	$f_{cu,e} = mf_{cu}^c - 1.645S_{f_{cu}^c}$			
该批构件混凝土强度推定值 $f_{cu,e}$/MPa				
备注				

1. 若对报告有异议，应于收到报告之日起15日内，以书面形式向本公司提出，逾期视为对报告无异议。

2. 未经本公司书面批准，不得部分复制本检验报告（完全复制除外）。

3. 本公司地址：_____；电话：_____。

批准：_____　　审核：_____　　检测：_____

××××有限公司

回弹法检测高强混凝土强度批量评定报告

委 托 单 位：_____ 报告编号：_____

工 程 名 称：_____

见 证 单 位：_____ 检评依据：_____JGJ/T 294—2013_____

监 督 登 记 号：_____ 检验类别：_____

混凝土输送方式：_____ 见 证 人：_____

检 验 日 期：_____ 报告日期：_____

构件编号	检测部位	设计强度等级	混凝土浇筑日期	龄期/d	测区数量	测区换算强度/MPa			现龄期混凝土强度推定值/MPa
						平均值	最小强度值	标准差	
1									
2									
3									
4									
5									
6									
7									
8									
9									
10									
备注									

1. 若对报告有异议，应于收到报告之日起 15 日内，以书面形式向本公司提出，逾期视为对报告无异议。

2. 未经本公司书面批准，不得部分复制本检验报告（完全复制除外）。

3. 本公司地址：_____；电话：_____。

批准：_____ 审核：_____ 检测：_____

附录 A.3 钻芯法检测高强混凝土强度批量评定报告

××××有限公司
钻芯法检测混凝土抗压强度检测报告

委 托 单 位：_____ 报告编号：_____

工 程 名 称：_____

见 证 单 位：_____ 检评依据：_____ JGJ/T 384—2016

监 督 登 记 号：_____ 检验类别：_____

混凝土输送方式：_____ 见 证 人：_____

检 验 日 期：_____ 报告日期：_____

样品编号	构件名称及轴线编号	混凝土浇筑日期	设计强度等级	试件规格（直径×高）/mm	芯样破坏压力/kN	抗压强度/MPa	强度推定值/MPa	龄期/d	说明
备注									

1. 若对报告有异议，应于收到报告之日起 15 日内，以书面形式向本公司提出，逾期视为对报告无异议。

2. 未经本公司书面批准，不得部分复制本检验报告（完全复制除外）。

3. 本公司地址：_____；电话：_____。

批准：_____ 审核：_____ 检测：_____

附录 A.4 回弹-钻芯综合法检测高强混凝土强度批量评定报告

××××有限公司
回弹钻芯综合法检测混凝土强度批量评定报告

委 托 单 位：＿＿＿＿＿＿＿＿＿＿＿＿＿＿＿ 报告编号：＿＿＿＿＿＿＿＿＿＿＿＿＿＿＿

工 程 名 称：＿＿＿＿＿＿＿＿＿＿＿＿＿＿＿＿＿＿＿＿＿＿＿＿＿＿＿＿＿＿＿＿＿＿＿＿

见 证 单 位：＿＿＿＿＿＿＿＿＿＿＿＿＿＿＿ 检评依据：＿＿JGJ/T 23—2011、JGJ/T 384—2016

监 督 登 记 号：＿＿＿＿＿＿＿＿＿＿＿＿＿＿＿ 检验类别：＿＿＿＿＿＿＿＿＿＿＿＿＿＿＿

混凝土输送方式：＿＿＿＿＿＿＿＿＿＿＿＿＿＿＿ 见 证 人：＿＿＿＿＿＿＿＿＿＿＿＿＿＿＿

检 验 日 期：＿＿＿＿＿＿＿＿＿＿＿＿＿＿＿ 报告日期：＿＿＿＿＿＿＿＿＿＿＿＿＿＿＿

检测部位	强度计算			
	设计强度等级	测区数/n	强度平均值/MPa	强度标准差/MPa
批量条件	当 $mf_{cu}^c < 25MPa$ 时，$S_{f_{cu}^c} \leqslant 4.5MPa$			
	当 $25MPa \leqslant mf_{cu}^c \leqslant 60MPa$ 时，$S_{f_{cu}^c} \leqslant 5.5MPa$			
是否满足批量条件	不符合批评定情况			
修正方式	修正量Δ/MPa			
强度推定值计算/MPa	$f_{cu,e} = mf_{cu}^c - 1.645S_{f_{cu}^c}$			
该批构件混凝土强度推定 $f_{cu,e}$/MPa				
备注				

1. 若对报告有异议，应于收到报告之日起 15 日内，以书面形式向本公司提出，逾期视为对报告无异议。

2. 未经本公司书面批准，不得部分复制本检验报告（完全复制除外）。

3. 本公司地址：＿＿＿＿＿＿＿＿＿＿＿＿；电话：＿＿＿＿＿＿＿＿＿＿＿＿。

批准：＿＿＿＿＿＿＿＿＿＿ 审核：＿＿＿＿＿＿＿＿＿＿ 检测：＿＿＿＿＿＿＿＿＿＿

附录 A.5　超声回弹综合法检测高强混凝土强度批量评定报告

××××有限公司
超声回弹综合法检测混凝土强度单构件检测报告

委 托 单 位：_____　　报告编号：_____

工 程 名 称：_____

见 证 单 位：_____　　检评依据：　T/CECS 02—2020

监 督 登 记 号：_____　　检验类别：_____

混凝土输送方式：_____　　见 证 人：_____

检 验 日 期：_____　　报告日期：_____

构件编号	检测部位	设计强度等级	混凝土浇筑日期	龄期/d	测区数量	测区换算强度/MPa			现龄期混凝土强度推定值/MPa
						平均值	最小强度值	标准差	
1									
2									
3									
4									
5									
6									
7									
8									
9									
10									
备注									

1. 若对报告有异议，应于收到报告之日起 15 日内，以书面形式向本公司提出，逾期视为对报告无异议。
2. 未经本公司书面批准，不得部分复制本检验报告（完全复制除外）。
3. 本公司地址：_____；电话：_____。

批准：_____　审核：_____　检测：_____

附录 B

混凝土强度检测报告

附录 B.1 钢筋配置及保护层厚度检测原始记录

检-JL-J-GG02

××××有限公司
钢筋配置及保护层厚度检测原始记录

检 测 编 号：_____ 检测依据：□GB 50204—2015□JGJ/T 152—2019□其他_____

工 程 名 称：_____ 工程地点：_____

仪器型号及唯一性编号：仪器名称：_____；型号：_____；编号：_____；检测日期：_____

序号	构件名称及轴线位置	设计配筋	实测配筋	混凝土保护层设计值/mm	纵向钢筋保护层设计值/mm	纵向受力钢筋保护层厚度实测值/mm					
						1	2	3	4	5	6
1											
2											
3											
4											
5											

注：1. 根据《混凝土结构设计标准》GB/T 50010—2010（2024年版）第 8.2.1 条及条文说明：钢筋保护层厚度为最外层钢筋外缘至混凝土表面的距离；

　　2. 梁构件的纵向受力钢筋保护层厚度设计值 = 保护层厚度设计值 + 箍筋公称直径；

　　3. 板构件的纵向受力钢筋保护层厚度设计值 = 保护层厚度设计值。

批准：_____ 审核：_____ 检测：_____

附录 C

构件尺寸和位置检测记录表

附录 C.1 构件尺寸检测原始记录

检-JL-J-GG03

××××工程质量安全检测中心有限公司
构件尺寸检测原始记录

检 测 编 号：＿＿＿＿＿＿＿＿＿＿＿　　检测依据：＿＿＿＿＿＿＿□GB 50204—2015□其他＿＿＿

工 程 名 称：＿＿＿＿＿＿＿＿＿＿＿　　工程地点：＿＿＿＿＿＿＿＿＿＿＿＿＿＿＿＿＿＿

仪器型号及唯一性编号：＿＿＿＿＿＿＿＿＿　　检测日期：＿＿＿＿＿＿＿＿＿＿＿＿＿＿＿＿

序号	构件名称及轴线位置	设计尺寸/mm	实测尺寸/mm		
			1	2	3
1					
2					
3					
4					
5					
6					
7					
8					
9					
10					
11					
12					
13					
14					
15					

注：1. 该构件不能直接量测全高时，记录格式为：梁宽×梁腹板高＋板厚；
　　2. 该构件能直接量测全高时，记录格式为：梁宽×梁高。

检测：＿＿＿＿＿＿＿＿＿　记录：＿＿＿＿＿＿＿＿＿　校核：＿＿＿＿＿＿＿＿＿

附录C.2 结构层高检测原始记录

××××工程质量安全检测中心有限公司
结构层高检测原始记录

检 测 编 号：_____　　检测依据：_____ □GB 50204—2015□其他_____

工 程 名 称：_____　　工程地点：_____

仪器型号及唯一性编号：_____　　检测日期：_____

序号	楼层及检测位置	设计层高/mm	实测值/mm		
			测点序号	楼层净高	楼板厚度
1			1		
			2		
			3		
2			1		
			2		
			3		
3			1		
			2		
			3		
4			1		
			2		
			3		
5			1		
			2		
			3		
6			1		
			2		
			3		

检测：_____　　记录：_____　　校核：_____

附录C.3 构件垂直度检测原始记录

检-JL-J-GG06

×××工程质量安全检测中心有限公司
构件垂直度检测原始记录

工 程 名 称：_____ 工程地点：_____

仪器型号及唯一性编号：_____ 检测日期：_____

序号	构件名称及轴线位置	测量高差/mm	倾斜方向	倾斜值
1				
2				
3				
4				
5				
6				
7				
8				
9				
10				

检测：_____ 记录：_____ 校核：_____

附录 D

超声法检测记录表

工程名称							构件编号				
测试仪器					仪 器 编 号			换能器主频		kHz		
测试人员					测试负责人			测 试 日 期				
检测依据	□CECS 21：2000 □GB/T 50784—2013					天 气						
序号	测点		序号	测点		序号	测点		序号	测点		序号	测点	

序号	测点		序号	测点		序号	测点		序号	测点		序号	测点	

检测：_____　记录：_____　校核：_____

附录 E

装配式混凝土结构节点检测记录表

附录 E.1 钢筋套筒灌浆和浆锚搭接检测记录表

工程名称			分部工程名称	装配式混凝土结构	分项工程名称	钢筋套筒灌浆和浆锚搭接
施工单位			项目负责人		检验批容量	
分包单位			分包单位项目负责人		检验批部位	
施工依据				验收依据		
验收项目				最小/实际抽样数量	检查记录	检查结果
主控项目	1	套筒规格、数量	钢筋套筒的规格、质量应符合设计要求		合格证编号	
	2	连接质量	套筒与钢筋连接的质量应符合设计要求		套筒与钢筋连接的检测报告编号	
	3	灌浆料的质量	灌浆料的质量应符合标准的要求		灌浆料的合格证编号；灌浆料的复试报告编号	
	4	构件留出的钢筋尺寸	构件留出的钢筋长度及位置应符合设计要求。严禁擅自切割钢筋		设计预留机长度及位置；实际预留钢筋长度及位置	
	5	现场套筒注浆	现场套筒注浆应充填密实，所有出浆口均应出浆		出浆口出浆情况；无损或有损检测报告编号	
	6	灌浆料的 28d 抗压强度	灌浆料的 28d 抗压强度应符合设计要求		抗压强度报告编号	
	7	浆锚连接	采用浆锚连接时，钢筋的数量和长度除应符合设计要求外，尚应符合下列规定：（1）注浆预留孔道长度应大于构件预留的锚固钢筋长度。（2）预留空宜选用镀锌螺旋管，管的内径应大于钢筋直径 15mm		设计钢筋的数量和长度；实际钢筋数量和长度；预留孔道的长度；预留孔道的材料	
一般项目	1	预留孔	预留孔的规格、位置、数量和深度应符合设计要求，连接钢筋偏离套筒或孔洞中心线不应超过 5mm		设计预留孔的规格、位置、数量和深度；预留孔的规格；预留孔的位置；预留孔的数量；预留孔的深度	
检测单位检查结果				检测员　　　　　　　　　　　年　　月　　日		
结论				项目负责人　　　　　　　　　年　　月　　日		

附录E.2 钢筋套筒灌浆和浆锚搭接施工质量记录表

工程名称		分部工程名称	装配式混凝土结构	分项工程名称	钢筋套筒灌浆和浆锚搭接
施工单位		项目负责人		检验批容量	
分包单位		分包单位项目负责人		检验批部位	
	检测部位及质量				
主控项目	浆锚搭接				
一般项目	预留孔				
专业工长：		质量检查员：　年　月　日		监理工程师：　年　月　日	

附录E.3 淋水试验记录表

淋水试验记录				
工程名称			检测日期	年　月　日
试水方法		淋水	图号	
工程检查验收部位及情况				
试验结果				
检测单位	检测员：项目负责人：　年　月　日		建设单位	建设单位项目负责人：　年　月　日

附录 F

装饰装修工程检测记录表

附录 F.1 饰面砖粘结强度检测报告

委托单位：_____   报告编号：_____

工程名称：_____

工程地点：_____   检评依据： JGJ/T 110—2017

仪器名称：_____

检测日期：____年____月____日   报告日期：____年____月____日

序号	试样部位	试样尺寸/mm	粘结力/kN	粘结强度单块值/MPa	粘结强度平均值/MPa	粘结强度单块最小值/MPa	破坏状态	结果评定
1								
2								
3								

注：破坏状态序号是根据《建筑工程饰面砖粘结强度检验标准》JGJ/T 110—2017 附录 A 的规定而制定的；不带保温加强系统现场粘贴饰面砖，"1"表示胶粘剂与饰面砖或标准块界面断开；"2"表示饰面砖为主断开；"3"表示饰面砖与粘结层界面为主断开；"4"表示粘结层为主断开；"5"表示粘结层与找平层界面为主断开；"6"表示找平层为主断开；"7"表示找平层与基体界面为主断开；"8"表示基体为主断开。

注：1. _____；

2. _____；

3. 公司地址：_____ 电话：_____。

批准：_____ 审核：_____ 检测：_____

附录 F.2 抹灰砂浆现场拉伸粘结强度检测报告

委托单位：_____有限公司　　报告编号：_____JAAHD_____

工程名称：_____

监督登记号：_____　　检评依据：_____JGJ/T 220—2010_____

砂浆品种：_____预拌抹灰砂浆_____　　检验类别：_____委托检测_____

检测日期：_____年　　月　　日_____　　报告日期：_____年　　月　　日_____

验收批栋号	验收批检测组数/组	平均值/MPa	最小值/MPa
***	2	0.28	0.26
抹灰砂浆品种	预拌抹灰砂浆	抹灰层拉伸粘结强度规定值	0.25
验收批合格评定条件	同一验收批的抹灰层拉伸粘结强度平均值应大于或等于抹灰层拉伸粘结强度的规定值，且最小值应大于或等于规定值的 75%。当同一验收批抹灰层拉伸粘结强度试验少于 3 组时，每组试件拉伸粘结强度均应大于或等于抹灰层拉伸粘结强度的规定值		
是否满足合格评定条件	是	不符合评定条件情况	—
验收批评定结果	合格		
备注	1. 砂浆品种：水泥预拌砂浆； 2. 根据《抹灰砂浆技术规程》JGJ/T 220—2010 第 7.0.10 条的规定：水泥预拌砂浆的拉伸粘结强度规定值为 0.25MPa		

注：1. _____；

　　2. _____；

　　3. 本公司地址：_____电话：_____。

批准：_____　　审核：_____　　检测：_____

附录 G

室内环境污染物检测记录表

附录 G.1　室内空气现场采样记录表

原始记录编号

检测单位名称
室内环境污染物现场采样记录

委托编号		现场通风条件	□自然通风□集中空调			采样日期		年　　月　　日			
检测依据						封闭时间				h	
主要仪器	大气压力计编号：＿＿＿＿＿＿＿＿；温湿度计编号：＿＿＿＿＿＿＿＿；大气采样器编号如下。										
采样位置	测点号	检测项目	样品编号	温度℃	大气压力/kPa	采样流量/（L/min）	采样时间/min	大气采样器编号	采样通道	装修情况	
		甲醛								天花板：＿＿＿＿＿ 墙面：＿＿＿＿＿ 地面：＿＿＿＿＿ 家具：□有　□无 □其他＿＿＿＿＿	
		氨									
		苯系物									
		TVOC									
		甲醛								天花板：＿＿＿＿＿ 墙面：＿＿＿＿＿ 地面：＿＿＿＿＿ 家具：□有　□无 □其他＿＿＿＿＿	
		氨									
		苯系物									
		TVOC									
		甲醛								天花板：＿＿＿＿＿ 墙面：＿＿＿＿＿ 地面：＿＿＿＿＿ 家具：□有　□无 □其他＿＿＿＿＿	
		氨									
		苯系物									
		TVOC									
备注											

校核：＿＿＿＿＿＿＿＿＿　　采样：＿＿＿＿＿＿＿＿＿

附录 G.2 室内氡浓度（活性炭盒法）试验记录

检测单位名称
室内氡浓度（活性炭盒法）分析记录

委托编号			检测依据						
主要仪器设备	□型号_____；γ能谱仪编号_____；□型号_____；电子天平编号_____					检测日期		年　月　日	
测试条件	温度_____℃　湿度_____%RH					本底盒号			
采样位置	碳盒编号	采样开始时间 年　月　日	采样前总质量/g	采样终止时间 年　月　日	采样后总质量/g	氡浓度/（Bq/m³）	氡浓度平均值/（Bq/m³）	备注	
备注	附γ能谱仪分析结果								

校核：_____　分析：_____

附录 G.3 室内甲醛、氨标准曲线分析记录

检测单位名称
□甲醛、□氨标准曲线绘制记录

曲线编号	□甲醛_____；□氨_____		检验日期	年　月　日
检测依据				
主要仪器设备	□型号_____；□分光光度计编号_____；□其他_____			
标准物质	编号：　　　　浓度：　　　　生产单位：			
序号	标准溶液体积/mL	标准物质含量/μg	吸光度	备注
0				
1				
2				
3				
4				
5				
6				
7				
8				

回归方程：_____ $a =$ _____ $b =$ _____ $r^2 =$ _____

标准曲线图：

校核：_____ 分析：_____

附录 G.4 室内甲醛、氨含量分析记录

原始记录编号

检测单位名称
□甲醛、□氨浓度分析记录

委托编号			采样日期	年 月 日	检测日期	年 月 日
检测依据				空白溶液吸光度A_0	甲醛：_____	氨：_____
标准曲线	甲醛编号：_____		斜率B_s：_____	氨编号：_____		斜率B_s：_____
主要仪器	□型号_____ ；□分光光度计编号_____ ；□其他_____					

样品编号	标准状态下采样体积V_0/L	样品吸光度A_i	空气中污染物浓度C_i/（mg/m³）$= (A_i - A_0)B_s/V_0$	扣除空白值后污染物浓度C/（mg/m³）	平均值/（mg/m³）
备注	比色皿厚度：1cm；测定波长：测甲醛550nm；测氨697.5nm；参比溶液：测甲醛用重蒸馏水；测氨用无氨水				

校核：_____ 检测：_____

附录 G.5 室内氡浓度现场分析记录

检测单位名称
室内氡浓度现场检测记录

委托编号					检测日期		年　　月　　日			
检测依据					测试时间		min			
主要仪器	□型号_____ ；测氡仪编号_____ ；仪器修正因子K_____									
采样位置	采样点编号	仪器读数X_i/（Bq/m³）	测氡仪编号	氡浓度X_0/（Bq/m³）$X_0 = K \cdot X_i$	氡浓度平均值/（Bq/m³）	采样位置	采样点编号	仪器读数X_i/（Bq/m³）	测氡仪编号	氡浓度X_0/（Bq/m³）$X_0 = K \cdot X_i$	氡浓度平均值/（Bq/m³）
备注											

校核：_____　检测：_____